企业安全与质量管理

主　编　李　梅
副主编　庄学思

北京理工大学出版社
BEIJING INSTITUTE OF TECHNOLOGY PRESS

内 容 简 介

　　本书系统地介绍了企业安全生产工作与质量管理的有关理论、方法和实践应用。本书分上、下两篇，共 10 个模块，上篇为安全篇，讲解了安全管理认知、应急及消防、企业生产安全、企业安全保卫、职业健康及防护等企业安全生产工作的主要内容；下篇为质量篇，介绍了质量管理认知、质量管理体系、质量管理职能、质量成本管理、质量管理先进方法和工具等质量管理理论及实操。

　　本书具有实操性、模块化、时效性的特点，不仅可作为本科院校、高等职业院校及成人高等院校相关专业学生的教材，也可作为企业培训和进城务工者的学习用书。

图书在版编目（CIP）数据

　　企业安全与质量管理 / 李梅主编. -- 北京：北京
理工大学出版社，2022.8
　　ISBN 978-7-5763-1610-0

　　Ⅰ. ①企… 　Ⅱ. ①李… 　Ⅲ. ①企业管理－安全管理②
企业管理－质量管理 　Ⅳ. ①X931②F273.2

　　中国版本图书馆CIP数据核字（2022）第148595号

出版发行 / 北京理工大学出版社有限责任公司	
社　　址 / 北京市海淀区中关村南大街5号	
邮　　编 / 100081	
电　　话 / （010）68914775（总编室）	
（010）82562903（教材售后服务热线）	
（010）68944723（其他图书服务热线）	
网　　址 / http://www.bitpress.com.cn	
经　　销 / 全国各地新华书店	
印　　刷 / 河北鑫彩博图印刷有限公司	
开　　本 / 787毫米×1092毫米　1/16	
印　　张 / 12	责任编辑 / 时京京
字　　数 / 246千字	文案编辑 / 时京京
版　　次 / 2022年8月第1版　2022年8月第1次印刷	责任校对 / 刘亚男
定　　价 / 59.00元	责任印制 / 王美丽

　　图书出现印装质量问题，请拨打售后服务热线，本社负责调换

前言

安全与质量是企业发展的基石。当前我国进入新发展阶段，党的十九大报告指出，我国经济已由高速增长阶段转向高质量发展阶段，要推动经济发展质量变革。党的十九届五中全会将实现更为安全的发展纳入经济社会发展的指导思想和原则。安全与质量关乎经济社会发展大局，关乎社会大众权利福祉，更关乎人民生命财产安全。

本书主要包括两大部分：上篇为企业安全管理，共五个模块，以提升读者安全生产能力为核心，全面、系统地介绍了企业安全管理的基本理论、法规和技能，包括安全管理认知、应急及消防、企业生产安全、企业安全保卫、职业健康及防护等安全生产工作的主要内容；下篇为企业质量管理，共五个模块，以提升读者质量意识为核心，介绍了企业质量管理的基本理论、体系和工具，具体包括质量管理认知、质量管理体系、质量管理职能、质量成本管理及质量管理先进方法和工具。

本书编写人员由任职一线的专业教师与企业高级管理人员组成，在编写时我们力求做到以下几点：

1. 内容凸显课程思政。全书以习近平新时代中国特色社会主义思想和党的十九大精神为指导，优化整合课程内容，推进课程思政与教材建设同向同行，有效实现本门课程的知识传授、能力培养与价值引领三融合，达到对敬畏生命、敬畏规则、敬畏质量及工匠精神等价值观的共鸣，为培育德、智、体、美、劳全面发展的应用型人才打下坚实基础。

2. 内容适合"岗课赛证"融通。本书以深化产教融合为落脚点，探索全方位、全过程、全要素"岗课赛证"相互融通，来适应产业发展变化而产生的新业态、新岗位对人才培养的新要求。

3. 结构呈现模块化。本书以实际工作岗位（群）需求分析为基础，内容均来自实际工作任务模块，各模块之间的内容具有相对独立性，减少了系统理论讲解，提高了教学效率，融"教、学、做"为一体，缩短了理论与实际应用之间的差距，通过企业真实案例使学生了解安全及质量管理理论和技术，突出工学结合特色。

4. 内容体现时效性。全书在编写过程中所收集的资料内容翔实，时效性强，知识均以新颁布或新修订的法律、法规及国家标准为蓝本，有关案例的描述、资料的收集均截至2021年年底，力求提供最新、最及时的安全管理、质量管理知识。

本书每个模块均包含了"知识结构图""学习目标""案例导入"和"思考"。

"知识结构图"以思维导图的形式列出相应模块单元的内容层次，使学生对本模块单元的学习内容能够一目了然。

"学习目标"具体指出通过相应模块单元的学习，让学生了解、掌握主要理论和技能，便于学生有针对性地学习。

"案例导入"通过案例激发学生的学习兴趣。

"思考"及时检验学习效果。

本书由陕西开放大学（陕西工商职业学院）李梅担任主编，由陕汽通汇汽车物流有限公司庄学思担任副主编。其中，李梅策划，编写模块一、模块二、模块三、模块五、模块六、模块七、模块九、模块十并最终定稿；庄学思编写模块四、模块八及审阅全书，并提出了很多宝贵建议。

在完成本书的过程中，编者参考和引用了国内出版的著作和中国知网、百度百科、MBA 智库等的学术观点，部分照片源于网络，在此表示衷心的感谢。

由于编者水平有限，书中不妥和疏漏之处在所难免，敬请广大读者批评指正。

编　者

目录 Contents

上 篇 安全篇

安全管理认知

知识结构图

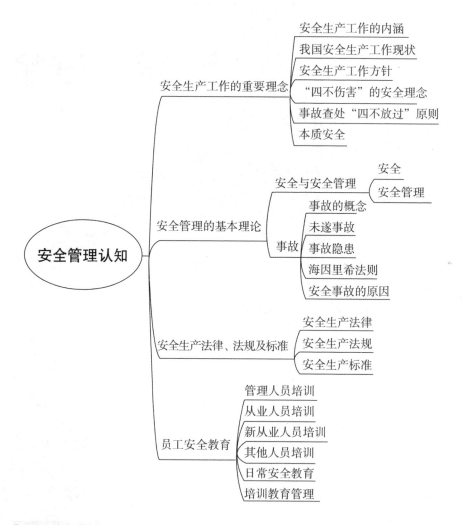

【学习目标】

明确安全生产工作的重要思想、理念，理解安全、安全管理的概念，熟知安全生产法律、法规及技术标准，掌握员工安全教育的内容，树立关注安全、关爱生命和安全发展的安全生产理念。

江苏响水天嘉宜化工有限公司"3·21"特别重大爆炸事故

2019年3月21日14时48分，位于江苏省盐城市响水县生态化工园区的天嘉宜化工有限公司发生特别重大爆炸事故，造成78人死亡、76人重伤，640人住院治疗，直接经济损失198 635.07万元。事故原因：事故企业旧固废库内长期违法贮存的硝化废料（主要成分是二硝基二酚、三硝基一酚、间二硝基苯、水和少量盐分等）持续积热升温导致自燃，燃烧引发爆炸。

主要教训：一是事故企业安全意识、法律意识淡漠。天嘉宜化工有限公司无视国家环境保护和安全生产法律、法规，长期刻意瞒报、违法贮存、违法处置硝化废料，安全管理混乱。二是中介机构弄虚作假。有关环保评价机构出具虚假失实文件，导致事故企业硝化废料重大风险和事故隐患未能及时暴露，干扰误导了有关部门的监管工作。三是江苏省各级政府有关部门监管责任履行不到位。应急管理部门履行安全生产综合监管职责不到位，生态环境部门未认真履行危险废物监管职责，工信、市场监管、规划、住建和消防等部门也不同程度存在违规行为。四是响水县和生态化工园区安全发展理念不牢。重发展轻安全，招商引资安全环保把关不严，对天嘉宜化工有限公司长期存在的重大风险隐患视而不见，复产把关流于形式。五是江苏省、盐城市未认真落实地方党政领导干部安全生产责任制，重大安全风险排查管控不全面、不深入、不扎实。

（资料来源：应急管理部微信公众号）

思 考

江苏响水天嘉宜化工有限公司"3·21"特别重大爆炸事故的原因是什么？这次事故带给我们哪些思考？

安全生产是民生大事，一丝一毫不能放松，要以对人民极端负责的精神抓好安全生产工作，站在人民群众的角度想问题，把重大风险隐患当成事故来对待，守土有责，敢于担当，完善体制，严格监管，让人民群众安心放心。

——2016 年 7 月，习近平对加强安全生产和汛期安全防范工作做出重要指示

单元一　安全生产工作的重要理念

一、安全生产工作的内涵

安全生产是红线，是底线，是生命线。安全生产工作事关人民福祉，事关经济社会发展大局。

习近平在党的十九大报告中强调："树立安全发展理念，弘扬生命至上、安全第一的思想，健全公共安全体系，完善安全生产责任制，坚决遏制重特大安全事故，提升防灾减灾救灾能力。"安全生产是关系人民群众生命财产安全的大事，是经济社会协调健康发展的标志，是党和政府对人民利益高度负责的要求。党中央对安全生产工作的部署要求，集中体现了我们党全心全意为人民服务根本宗旨和以人民为中心发展思想，为做好安全生产工作指明了方向。

2013 年 6 月，习近平就为安全生产工作做出重要指示：人命关天，发展决不能以牺牲人的生命为代价。这必须作为一条不可逾越的红线。

2020 年年初，习近平专门对安全生产做出重要指示，强调："生命重于泰山。……要求层层压实责任，狠抓整改落实，强化风险防控，从根本上消除事故隐患，有效遏制重特大事故发生"。

习近平强调："抓和不抓大不一样，重视抓、认真抓和不重视抓、不认真抓大不一样。只要大家都认真抓，就可以把事故发生率和死亡率降到最低程度。"

2020 年 4 月，在疫情防控常态化、推动经济恢复发展的关键时期，习近平做出重要指示强调："当前，全国正在复工复产，要加强安全生产监管，分区分类加强安全监管执法，强化企业主体责任落实，牢牢守住安全底线，切实维护人民群众生命财产安全。绝不能只重发展不顾安全，更不能将其视作无关痛痒的事，搞形式主义、官僚主义。"

习近平关于安全生产重要论述，从历史与现实相贯通，从治标与治本相关联，从当前与长远相统筹的宽广视角，系统回答了如何认识安全生产，如何做好安全生产工作的重大理论和现实问题。既部署了"过河"的任务，也解决了"桥"和"船"的问题，是企业做好新时代安全生产工作的根本遵循和行动指南。安全生产是完全有规律可循的，应当树立风险可控可防、隐患可查可治的理念。

二、我国安全生产工作现状

党的十八大以来，以习近平同志为核心的党中央把安全生产摆在重要位置，习近平提出了一系列新观点、新思想、新论断，要求将发展与安全并列作为全党必须统筹抓好的两件大事，作为新发展理念、高质量发展的重要内容，动员全党共同上手抓好安全生产工作，建立和实施了一整套完善的安全生产重要制度，实现了事故总量和死亡人数持续"双下降"，打破了在经济快速上升阶段事故同样上升的惯例和规律。

近年来，我国生产安全事故死亡人数从历史最高峰的 2002 年死亡人数 14 万人，降至 2021 年的 2.63 万人，下降 81.2%。重特大事故起数从最多时的 2001 年一年发生 140 起，降至 2021 年的 16 起，下降 88.6%。全国生产安全事故死亡人数和事故起数同比连续 19 年实现"双下降"。2020 年至 2021 年我国连续两年未发生特别重大事故。

我国用几十年的时间走完了发达国家几百年走过的工业化历程，这个成果是在底子薄、基础差、人员素质比较低、科技支撑不强的情况下取得的。生产安全事故总量由升转降仅用了 20 多年的时间，这在世界上是非常罕见的。特别是党的十八大以来，实现了事故总量和死亡人数持续"双下降"，从根本上来说，得益于以习近平同志为核心的党中央的坚强领导，得益于习近平新时代中国特色社会主义思想的科学指引。

三、安全生产工作方针

当前我国进入新发展阶段，贯彻新发展理念，构建新发展格局，对企业安全生产工作提出了新的要求。

"安全第一，预防为主，综合治理"是国家安全生产工作的一项重要方针，也是企业必须遵循的一项基本原则。

"安全第一"要求从事生产经营活动必须把安全放在首位，不能以牺牲人的生命、健康为代价换取发展和效益；

"预防为主"要求把安全生产工作的重心放在预防上，从源头上控制、预防和减少生产安全事故；

"综合治理"要求运用法治、行政、经济、科技等多种手段，充分发挥社会、职工、舆论监督各个方面的作用，抓好安全生产工作。

安全生产是完全有规律可循的，应当树立风险可控可防、隐患可查可治的理念，从"要我安全"转变为"我要安全"。

四、"四不伤害"的安全理念

"四不伤害"的含义包括以下几个方面。

（一）我不伤害自己

"我不伤害自己"，即要提高自我保护意识，不能由于自己的疏忽、失误而使自己受到伤害。它取决于自己的安全意识、安全知识、对工作任务的熟悉程度、岗位技能、工作态度、工作方法、精神状态、作业行为等多方面因素。

（二）我不伤害他人

"我不伤害他人"，即我的行为或行为后果不能给他人造成伤害。在多人同时作业时，由于自己不遵守操作规程、对作业现场周围观察不够，以及自己操作失误等原因，自己的行为可能对现场周围的人员造成伤害。

（三）我不被他人伤害

"我不被他人伤害"，即每个人都要加强自我防范意识，工作中要避免他人的错误操作或其他隐患对自己造成伤害。

（四）我保护他人不受伤害

"我保护他人不受伤害"指任何组织中的每个成员都是团队中的一分子，要担负起关心爱护他人的责任和义务，不仅自己要注意安全，还要保护团队的其他人员不受伤害，这是每个成员对集体中其他成员的承诺。

"四不伤害"的安全理念是在"三不伤害"基础上的提升，是人性化管理和安全情感理念的升华。即在"不伤害自己、不伤害他人、不被他人伤害"的"三不伤害"的安全理念基础上，增加"保护他人不受伤害"这一关心他人、也是关心自己的观点，突出了"以人为本"的安全管理理念，强化了安全生产意识。在安全管理工作中，"四不伤害"充分体现了每一个作业人员的自保、互保、联保意识。

五、事故查处"四不放过"原则

在处理生产安全事故中要坚持"四不放过"的原则。

（一）事故原因未查清不放过

在调查处理伤害人身安全、经济损失等事故时，要把事故原因分析清楚，找出导致事故发生的真正原因。

（二）事故责任人未受到处理不放过

对事故责任者要严格按照安全事故责任追究规定和有关法律、法规的规定进行严肃处理。

（三）事故责任人和广大群众没有受到教育不放过

事故责任者和广大群众要了解事故发生的原因及所造成的危害，并深刻认识到搞好安全生产的重要性，并从事故中吸取教训，在今后工作中更加重视安全工作。

（四）事故没有制定切实可行的整改措施不放过

针对生产安全事故发生的原因，必须在进行严肃认真的调查处理的同时，还必须提出防止相同或类似事故发生的切实可行的预防措施，并督促事故发生单位加以实施。

六、本质安全

"本质安全"一词的提出源于20世纪50年代世界宇航技术的发展，随着人类科学技术的进步和安全理论的发展，这一概念逐步被广泛接受。狭义的本质安全是指机器、设备本身所具有的安全性能。当系统发生故障时，机器、设备能够自动防止操作失误或引发事故；即使由于人为操作失误，设备系统也能够自动排除、切换或安全地停止运转，从而保障人身、设备和财产的安全。广义的本质安全是指"人—机—环境—管理"这一系统表现出的安全性能。简单来说，就是通过优化资源配置和提高其完整性，使整个系统安全可靠。

本质安全的理念认为，所有事故都是可以预防和避免的。

一是人的安全可靠性。无论在何种作业环境和条件下，都能按照规程操作，杜绝"三违"，实现个体安全。

二是物的安全可靠性。无论在动态过程中，还是静态过程中，物始终处于能够安全运行的状态。

三是系统的安全可靠性。在日常安全生产中，不因人的不安全行为或物的不安全状况而发生重大事故，形成"人机互补、人机制约"的安全系统。

四是管理规范和持续改进。通过规范制度、科学管理，杜绝管理上的失误，在生产中实现零缺陷、零事故。

从安全管理学角度，本质安全是安全管理理念的转变，表现为对事故由被动接受到积极事先预防，以实现从源头杜绝事故，保护人类自身安全。

 知识链接

企业安全管理中的"三违"

安全管理中"三违"是指"违章指挥、违章作业和违反劳动纪律"的简称。

违章指挥主要是指生产经营单位的生产经营管理人员违反安全生产方针、政策、法律、条例、规程、制度和有关规定指挥生产的行为。

违章作业主要是指工人违反劳动生产岗位的安全规章和制度（如安全生产责任制、安全操作规程、工作交接制度等）的作业行为。

违反劳动纪律主要是指工人违反生产经营单位的劳动纪律的行为。

安全生产工作的根本目的是保护广大劳动者和设备的安全，防止伤亡事故和设备事故危害，保护国家和集体财产不受损失，保证生产和建设的正常进行。为了实现这一目的，需要从安全管理、安全技术和职业健康三个方面开展工作，而这三者中，安全管理又起着决定性的作用。对于企业来说，安全就是生命，安全就是效益。

一、安全与安全管理

（一）安全

安全是在生产过程中，将系统的运行状态对人类的生命、财产、环境可能产生的损害控制在能接受水平以下的状态。狭义的安全是指不发生安全事故；广义的安全是指免除了不可接受风险的状态。

在古代汉语中，并没有"安全"这个词，但"安"字在许多场合中表达着现代汉语中安全的意义。如《易·系辞下》："是故君子安而不忘危，存而不忘亡，治而不忘乱，是以身安而国家可保也。"这里的"安"是与"危"相对的，并且如同"危"表达了现代汉语的"危险"一样，"安"所表达的就是"安全"的概念。

安全生产、安全劳动是人类生存永恒的命题。随着科学技术的发展，人类树立了全新的劳动安全理念，安全生产与安全生活的知识日益普及，生产与生活事故的防范技术与手段也日益先进。

（二）安全管理

安全管理是国家或企事业单位安全部门的基本职能。它运用法律、行政、经济、教育和科学技术手段等，协调社会经济发展与安全生产的关系，处理国民经济各部门、各社会集团和个人有关安全问题的相互关系，使社会经济发展在满足人们的物质和文化生活需要的同时，满足社会和个人安全方面的要求，保证社会经济活动和生产、科研活动顺利进行、有效发展。

安全管理是管理科学的一个重要分支，是为实现安全目标而进行的有关决策、计划、组织和控制等方面的活动；主要是运用现代安全管理原理、方法和手段，分析和研究各种不安全因素，从技术上、组织上和管理上采取有力的措施，解决和消除各种不安全因素，防止事故的发生。

企业安全管理是指以国家的法律、规定和技术标准为依据，采取各种手段，对企业生产的安全状况，实施有效制约的一切活动。

二、事故

（一）事故的概念

事故多指在生产、工作上发生的意外的损失或灾祸。

生产安全事故是指生产经营单位在生产经营活动（包括与生产经营有关的活动）中突然发生的，伤害人身安全和健康，或者损坏设备设施，或者造成经济损失的，导致原生产经营活动（包括与生产经营活动有关的活动）暂时中止或永远终止的意外事件。

事故报告应当及时、准确、完整，任何单位和个人对事故不得迟报、漏报、谎报或瞒报。

1. 事故分类

按照事故发生的行业和领域划分，事故分为工矿商贸企业生产安全事故、火灾事故、道路交通事故、农机事故、水上交通事故。

2. 事故等级

《生产安全事故报告和调查处理条例》（中华人民共和国国务院令第493号）第三条：根据生产安全事故（以下简称事故）造成的人员伤亡或者直接经济损失，事故一般分为以下等级：

（1）特别重大事故，是指造成30人以上死亡，或者100人以上重伤（包括急性工业中毒，下同），或者1亿元以上直接经济损失的事故；

（2）重大事故，是指造成10人以上30人以下死亡，或者50人以上100人以下重伤，或者5 000万元以上1亿元以下直接经济损失的事故；

（3）较大事故，是指造成3人以上10人以下死亡，或者10人以上50人以下重伤，或者1 000万元以上5 000万元以下直接经济损失的事故；

（4）一般事故，是指造成3人以下死亡，或者10人以下重伤，或者1 000万元以下直接经济损失的事故。

3. 事故类别

按照《企业职工伤亡事故分类》（GB 6441—1986）划分的具体事故类别：物体打击事故、车辆伤害事故、机械伤害事故、起重伤害事故、触电事故、火灾事故、灼烫事故、淹溺事故、高处坠落事故、坍塌事故、冒顶片帮事故、透水事故、放炮事故、火药爆炸事故、瓦斯爆炸事故、锅炉爆炸事故、容器爆炸事故、其他爆炸事故、中毒和窒息事故、其他伤害事故20种。

（二）未遂事故

《职业健康安全管理体系 要求及使用指南》（GB/T 45001—2020）（本标准等同采用ISO国际标准：ISO 45001：2018）标准中，未遂事故指未发生但有可能造成伤害和健康损害的事件。

伤害和健康损害是对人的身体、精神或神经状况的有害影响。例如，高处坠落会对人身体造成有害影响；超负荷的工作压力会对人的精神造成有害影响；工作场所的一氧化碳气体会对人的神经状况造成有害影响。

在职业健康安全管理专业领域，通常伤害多指人的肢体受到的损害；而健康损害更多是指由于工作场所存在的可能损害人健康的条件和因素，而对人的生理和心理造成的有害影响。

在组织的工作活动中，有时伤害和健康损害会各自独自发生，有时两者会同时发生。例如，人员从高处坠落，在造成人员肢体伤害的同时，也会造成如脑震荡等健康损害。

（三）事故隐患

《安全生产事故隐患排查治理暂行规定》（中华人民共和国国家安全生产监督管理总局[①]令第16号）中安全生产事故隐患（以下简称事故隐患）是指生产经营单位违反安全生产法律、法规、规章、标准、规程和安全生产管理制度的规定，或者因其他因素在生产经营活动中存在可能导致事故发生的物的危险状态、人的不安全行为和管理上的缺陷。

（四）海因里希法则

海因里希法则是1941年美国的海因里希从许多灾害中统计得出的。当时，海因里希统计了55万件机械事故。其中，死亡、重伤事故1 666件，轻伤48 334件，其余则为无伤害事故。海因里希从中得出一个重要结论，即在机械事故中，死亡或重伤、轻伤或故障以及无伤害事故的比例为1∶29∶300，国际上把这一法则叫作事故法则。这个法则说明，在机械生产过程中，每发生330起意外事件，有300件未产生人员伤害，29件造成人员轻伤，1件导致重伤或死亡（图1-1）。

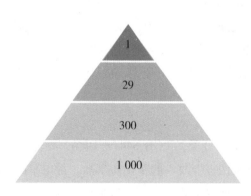

图1-1·海因里希法则

对于不同的生产过程，不同类型的事故，上述比例关系不一定完全相同，但这个统计规律说明了在进行同一项活动中，无数次意外事件，必然导致重大伤亡事故的发生。要防止重大事故的发生必须减少和消除无伤害事故，要重视事故的苗头和未遂事故，否则终会酿成大祸。

---

① 现应急管理部

（五）安全事故的原因

造成安全事故的原因主要包括以下四个方面。

1. 人的不安全行为

（1）操作错误、忽视安全、忽视警告；

（2）造成安全装置失效；

（3）使用不安全设备；

（4）手代替工具操作；

（5）物体（指成品、半成品、材料、工具等）存放不当；

（6）冒险进入危险场所；

（7）攀坐不安全位置（如平台护栏等）；

（8）在起吊臂下作业、停留；

（9）机器运转时加油、修理、检查、调整、焊接、清扫等工作；

（10）有分散注意力行为；

（11）没有正确使用个人防护用品和用具；

（12）不安全装束；

（13）对易燃、易爆等危险品处理错误。

2. 物的不安全状态

（1）机具本身存在缺陷，如强度不够、车辆刹车不灵、"带病"运转等；

（2）机械设备无必要的防护装置、设施，或者虽然有但不符合安全要求；

（3）工件、材料、物品放置不当及物流方面的缺陷，如车间内外原材料运输线路混乱等；

（4）作业方法导致的物的不安全状态，如垂直、交叉作业等；

（5）无必要的防护器具及个人防护用品，或者虽然有但不符合要求；

（6）使用、生产具有燃爆性、毒性、放射性及腐蚀性的材料、物料，且无防护。

3. 管理上的缺陷

管理上的缺陷的原因：一些管理者在思想上对安全工作的重要性认识不足，将其视为可有可无，日常以麻木的心态和消极的行为对待安全工作，安全法律责任意识极为淡薄等。

（1）技术和设计上有缺陷；

（2）对人的行为偏差、工作失误控制的缺陷；

（3）用人管理的缺陷；

（4）生产管理上的缺陷；

（5）工艺过程、作业程序控制的缺陷；

（6）风险控制缺陷；

（7）对相关方（供应商、承包商等）风险管理的缺陷；

（8）违反人机工程原理。

另外，一些客观因素，如温度、湿度、风雨雪、照明、振动、噪声、通风换气、色彩等也会引起设备故障或人的失误，是导致危险、有害物质和能量失控的间接因素。

4. 环境上的原因

（1）室外不良气候，如高温、低温、风、雨、雪等造成的不安全状态；

（2）作业场所存在的各种职业危害因素及时间、空间方面的不安全状态，如照明不良，温度、湿度不当，作业空间狭窄杂乱等。

 知识链接

安全规范办赛理念，攀登世界技能之巅

首届世界职业院校技能大赛赛项规程中的职业素养模块明确考察参赛队在竞赛过程中的现场安全。在正式比赛中，选手须严格遵守安全操作规程，并接受裁判员的监督和警示，以确保选手人身及设备安全。选手因个人误操作造成人身安全事故和设备故障时，裁判长有权中止该队比赛。

比赛评分时，文明生产评价为扣分项，包括工作态度、安全意识、职业规范、环境保护等方面。

赛事安全也是大赛组委会重点强调的内容。赛事规程中明确指出"赛事安全是技能竞赛一切工作顺利开展的先决条件，是赛事筹备和运行工作必须考虑的核心问题。"并对比赛环境、生活条件、组队责任、应急处理及防疫措施等都做出明确而详尽的规定。

大赛对安全事故也明确了处罚措施。因参赛队伍原因造成重大安全事故的，取消其获奖资格；参赛队伍发生重大安全事故隐患，经赛场工作人员提示、警告无效的，可取消其继续比赛的资格；赛事工作人员违规的，按照相应的制度追究责任；情节恶劣并造成重大安全事故的，由司法机关追究相应法律责任。

单元三　安全生产法律、法规及标准

一、安全生产法律

安全生产法律是国家法律规范的重要组成部分，是为了加强安全生产监督管理，防止和减少生产安全事故，保障人民群众生命和财产安全，遏制重大、特大事故发生，促进经济发展和保持社会稳定而制定的有关安全生产法律规范的总称。

我国有关安全生产的法律、法规很多。我国全部现行的、不同的安全生产法律规范形成有机联系的统一整体称为安全生产法律体系，包括法律、法规、规章和法定安全标准等。

党的十八大以来，我国多项法律推进落实，安全生产立法体制机制日渐完善。

（一）《中华人民共和国宪法》

《中华人民共和国宪法》是安全生产法律体系框架的最高层级，第四十二条规定"加强劳动保护，改善劳动条件"是有关安全生产方面具有最高法律效力的规定。

（二）《中华人民共和国安全生产法》

《中华人民共和国安全生产法》（以下简称《安全生产法》）是我国安全生产工作的基础法、综合法，是为了加强安全生产工作，防止和减少生产安全事故，保障人民群众生命和财产安全，促进经济社会持续健康发展而制定的。

现行的《中华人民共和国安全生产法》是 2002 年制定的，2009 年和 2014 年进行过两次修改。2021 年 6 月 10 日第十三届全国人民代表大会常务委员会第二十九次会议《关于修改〈中华人民共和国安全生产法〉的决定》第三次修正。修改后的《中华人民共和国安全生产法》（以下简称新《安全生产法》）于 2021 年 9 月 1 日起施行。此次修改以习近平新时代中国特色社会主义思想为指导，将习近平总书记关于安全生产工作一系列重要指示批示精神转化为法律规定，增加了安全生产工作坚持人民至上、生命至上，树牢安全发展理念，从源头上防范化解重大安全风险等规定，为统筹发展和安全两件大事提供了坚强的法治保障。

1. 新《安全生产法》的总体宗旨

明确了党的领导和人民至上的理念。新《安全生产法》第三条第一、第二款明确规定了"安全生产工作坚持中国共产党的领导。安全生产工作应当以人为本，坚持人民至上、生命至上，把保护人民生命安全摆在首位，树牢安全发展理念，坚持安全第一、预防为主、综合治理的方针，从源头上防范化解重大安全风险。"

2. 新《安全生产法》的基本原则

党和政府一直对安全生产工作非常重视，党的领导和"一岗双责"等要求，很早就写入"红头文件"。《中共中央国务院关于推进安全生产领域改革发展的意见》（2016年12月18日印发）明确规定坚持"党政同责、一岗双责、齐抓共管、失职追责"的安全生产责任体系。新《安全生产法》第三条第三款"安全生产工作实行管行业必须管安全、管业务必须管安全、管生产经营必须管安全，强化和落实生产经营单位主体责任与政府监管责任，建立生产经营单位负责、职工参与、政府监管、行业自律和社会监督的机制。"正式将"三管三必须"的基本原则写入法律条文。

3. 新《安全生产法》明确了生产经营单位的主要负责人是安全生产第一责任人

新《安全生产法》第五条明确了安全生产第一责任人："生产经营单位的主要负责人是本单位安全生产第一责任人，对本单位的安全生产工作全面负责。其他负责人对职责范围内的安全生产工作负责。"

同时，第二十一条规定了生产经营单位的主要负责人的具体职责："生产经营单位的主要负责人对本单位安全生产工作负有下列职责：

（1）建立健全并落实本单位全员安全生产责任制，加强安全生产标准化建设；

（2）组织制定并实施本单位安全生产规章制度和操作规程；

（3）组织制定并实施本单位安全生产教育和培训计划；

（4）保证本单位安全生产投入的有效实施；

（5）组织建立并落实安全风险分级管控和隐患排查治理双重预防工作机制，督促、检查本单位的安全生产工作，及时消除生产安全事故隐患；

（6）组织制定并实施本单位的生产安全事故应急救援预案；

（7）及时、如实报告生产安全事故。

4. 新《安全生产法》明确了生产经营单位的安全生产管理机构以及安全生产管理人员应负的安全生产责任

新《安全生产法》第二十五条"生产经营单位的安全生产管理机构以及安全生产管理人员履行下列职责：

（1）组织或者参与拟订本单位安全生产规章制度、操作规程和生产安全事故应急救援预案；

（2）组织或者参与本单位安全生产教育和培训，如实记录安全生产教育和培训情况；

（3）组织开展危险源辨识和评估，督促落实本单位重大危险源的安全管理措施；

（4）组织或者参与本单位应急救援演练；

（5）检查本单位的安全生产状况，及时排查生产安全事故隐患，提出改进安全生产管理的建议；

（6）制止和纠正违章指挥、强令冒险作业、违反操作规程的行为；

（7）督促落实本单位安全生产整改措施。"

5. 新《安全生产法》强调了"全员"安全生产责任制

新《安全生产法》第四条规定：生产经营单位应建立健全并落实全员安全生产责任制。通过立法进一步明确"全员"的概念，将过往在实践中以及各个政策文件中的要求采用法律的形式予以确认和强调。而主要负责人的安全生产管理职责则明确包括了要健全并落实本单位全员安全生产责任制。

近年来的一系列事故警示，生产经营单位的主体责任，需要进一步"责任到人"。既要盯住负责人，也应"建立健全并落实本单位全员安全生产责任制"。生产经营单位每一个部门、每一个岗位、每一个员工，都不同程度直接和间接影响着安全生产。安全生产人人都是主角，没有旁观者。这次修改新增了全员安全责任制的规定，就是要把生产经营单位全体员工的积极性和创造性调动起来，形成人人关心安全生产、人人提升安全素质、人人做好安全生产的局面，从而整体上提升安全生产的水平。

新《安全生产法》第三章第五十二条至第六十一条明确了从业人员的 10 条安全生产权利义务。其中包括"从业人员有权对本单位安全生产工作中存在的问题提出批评、检举、控告；有权拒绝违章指挥和强令冒险作业""从业人员发现直接危及人身安全的紧急情况时，有权停止作业或者在采取可能的应急措施后撤离作业场所""在作业过程中，应当严格落实岗位安全责任，遵守本单位的安全生产规章制度和操作规程，服从管理，正确佩戴和使用劳动防护用品""从业人员应当接受安全生产教育和培训，掌握本职工作所需的安全生产知识，提高安全生产技能，增强事故预防和应急处理能力"等。对应全员安全生产责任制，新《安全生产法》扩大了对未履行安全生产管理职责的个人处罚对象的范围，处罚措施也更为严厉。

6. 新《安全生产法》"鼓励"或"应当"投保"安责险"

新《安全生产法》第五十一条第二款规定："国家鼓励生产经营单位投保安全生产责任保险；属于国家规定的高危行业、领域的生产经营单位，应当投保安全生产责任保险。"

安全生产责任保险（以下简称"安责险"），是指保险机构对投保的生产经营单位发生的生产安全事故造成的人员伤亡和有关经济损失等予以赔偿，并且为投保的生产经营单位提供事故预防服务的商业保险。

7. 新《安全生产法》明确规定了生产经营单位安全生产的主体责任

企业的安全生产主体责任，是指企业依法应当履行的安全生产法定职责和义务。

新《安全生产法》明确规定：生产经营单位的主要负责人是本单位安全生产第一责任人，对本单位的安全生产工作全面负责，其他负责人对职责范围内的安全生产工作负责。要求各类生产经营单位健全并落实全员安全生产责任制、安全风险分级管控和隐患排查治理双重预防机制，加强安全生产标准化、信息化建设，加大对安全生产资金、物资、技术、人员的投入保障力度，切实提高安全生产水平。

新《安全生产法》第二十条至第六十一条的规定中，对生产经营单位的安全生产工作提出了具体明确的要求，有利于规范生产经营单位的安全生产工作，防止和减少生产安全事故，新《安全生产法》涉及企业主体责任条款共有 32 条，内容可以归为以下 8 类。

（1）安全生产规章制度制定责任。建立健全安全生产责任制和各项规章制度、操作章程。

新《安全生产法》第四十一条规定了生产经营单位应当建立"安全风险分级管控制度""生产安全事故隐患排查治理制度"。

新《安全生产法》第四十八条明确了同一作业区域内的交叉作业行为安全要求。"两个以上生产经营单位在同一作业区域内进行生产经营活动，可能危及对方生产安全的，应当签订安全生产管理协议，明确各自的安全生产管理职责和应当采取的安全措施，并指定专职安全生产管理人员进行安全检查与协调。

（2）机构设置和人员配备责任。依法设置安全生产管理机构，配备安全生产管理人员；按规定委托和聘用注册安全工程师或者注册安全助理工程师为其提供安全管理服务。

（3）安全生产工作管理责任。依法加强安全生产管理；定期组织开展安全生产检查；依法取得安全生产许可；依法对重大危险源实施监控；及时消除事故隐患；开展安全生产宣传教育；统一协调管理承包、承租单位的安全生产工作。

（4）资金投入责任。按规定提取和使用安全生产费用，确保资金投入满足安全生产条件需要；按规定存储安全生产风险抵押金；依法为从业人员缴纳工伤保险费；保证安全生产教育培训的资金。

（5）事故报告和应急救援的责任。要求生产经营单位按规定报告生产安全事故；及时开展事故抢险救援；妥善处理事故善后工作。新《安全生产法》第二十一条第七项、第四十六条和第五十九条明确规定了发现生产安全事故隐患或者其他不安全因素的层层报告制度。

（6）物质保障安全责任。具备安全生产条件；依法为从业人员提供劳动防护用品，并监督、教育其正确佩戴和使用。依法履行建设项目安全设施"三同时"的规定；新《安全生产法》第三十一条至三十四条规定了"生产经营单位新建、改建、扩建工程项目（以下统称建设项目）的安全设施，必须与主体工程同时设计、同时施工、同时投入生产和使用。"（也称"三同时"规定）

新《安全生产法》第四十二条明确了生产经营单位生产、经营、储存和员工宿舍等安全要求。"生产、经营、储存、使用危险物品的车间、商店、仓库不得与员工宿舍在同一座建筑物内，并应当与员工宿舍保持安全距离。生产经营场所和员工宿舍应当设有符合紧急疏散要求、标志明显、保持畅通的出口、疏散通道。禁止占用、锁闭、封堵生产经营场所或者员工宿舍的出口、疏散通道。"

（7）教育培训责任。履行法定安全生产义务，依法组织从业人员参加安全生产教育培训，取得相关上岗资格证书。

（8）法律、法规、规章规定的其他安全生产责任。新《安全生产法》第四十九条明确了生产经营单位对发包、出租等行为的安全要求。"生产经营单位不得将生产经营项目、场所、设备发包或者出租给不具备安全生产条件或者相应资质的单位或者个人。生产经营项目、场所发包或者出租给其他单位的，生产经营单位应当与承包单位、承租单位签订专门的安全生产管理协议，或者在承包合同、租赁合同中约定各自的安全生产管理职责；生产经营单位对承包单位、承租单位的安全生产工作统一协调、管理，定期进行安全检查，发现安全问题的，应当及时督促整改。"

8. 新《安全生产法》加大了对违法行为的处罚和惩戒力度

新《安全生产法》第九十条至第一百一十六条明确了违反本法规定的生产经营单位、相关部门和个人等的法律责任。对安全生产违法行为罚款金额更高、处罚方式更严、惩戒力度更大。

（三）《中华人民共和国消防法》

党的十八大以来，以习近平同志为核心的党中央高度重视消防工作，做出组建应急管理部门和国家综合性消防救援队伍、出台《关于深化消防执法改革的意见》（厅字〔2019〕34 号）等一系列重大决策部署，推动我国消防事业取得重大进展。《中华人民共和国消防法》于 1998 年颁布实施，为预防火灾和减少火灾危害，加强应急救援，保护人身财产安全、维护公共安全发挥了重要作用。《全国人民代表大会常务委员会关于修改〈中华人民共和国道路交通安全法〉等八部法律的决定》已由中华人民共和国第十三届全国人民代表大会常务委员会第二十八次会议于 2021 年 4 月 29 日通过，自公布之日起施行。

《中华人民共和国消防法》开篇就规定了消防工作贯彻"预防为主、防消结合"的方针，明确了"按照政府统一领导、部门依法监管、单位全面负责、公民积极参与的原则，实行消防安全责任制""各级人民政府应当组织开展经常性的消防宣传教育，提高公民的消防安全意识""机关、团体、企业、事业等单位，应当加强对本单位人员的消防宣传教育"。其后各章又规定了具体的职责义务和法律责任，与相关配套法规制度一起构筑了消防安全的责任体系。

（四）《中华人民共和国道路交通安全法》

《中华人民共和国道路交通安全法》是为了维护道路交通秩序，预防和减少交通事故，保护人身安全，保护公民、法人和其他组织的财产安全及其他合法权益，提高通行效率而制定的法律。我国境内的车辆驾驶人、行人、乘车人及与道路交通活动有关的单位和个人都应当遵守《中华人民共和国道路交通安全法》。

（五）《中华人民共和国职业病防治法》

《中华人民共和国职业病防治法》是指调整在预防、控制和消除职业病，防止职业病，保护劳动者健康及相关权益过程中产生的社会关系的法律规范的总称。作为规范职业卫生工作的基本法律，它是用人单位进行职业卫生管理必须遵循的行为准则，是各级人民政府及其有关部门进行职业卫生监管和行政执法的法律依据，是制裁各种职业卫生违法犯罪行为的有力武器。

（六）《中华人民共和国刑法》

新颁布的刑法修正案增加了危险作业罪，进一步健全了安全生产监管执法的法律依据。

二、安全生产法规

（一）行政法规

国务院颁布的条例属于行政法规。行政法规属于规范性文件，具有法律文件的性质，在实施过程中与法律的效力一致。

关于安全生产的行政法规主要有《生产安全事故应急条例》（2018 年 12 月 5 日国务院第 33 次常务会议通过，2019 年 2 月 17 日中华人民共和国国务院令第 708 号公布自 2019 年 4 月 1 日起施行）、《安全生产许可证条例》（2014 修订）、《危险化学品安全管理条例》（2013 修订）、《民用爆炸物品安全管理条例》（2014 修订）、《生产安全事故报告和调查处理条例》《国务院关于特大安全事故行政责任追究的规定》等。

（二）部门安全生产规章

相关部门安全生产规章主要有《工贸企业粉尘防爆安全规定》《安全生产违法行为行政处罚办法》（2015 年修正）、《安全生产非法违法行为查处办法》《生产经营单位安全培训规定》（2015 年修正）等。

（三）地方性法规

地方性法规指由省、自治区、直辖市的人民代表大会及其常务委员会根据本行政区域的具体情况和实际需要，制定的规范性文件。省、自治区、直辖市人民政府及省、自治区政府所在地的市和设区市的人民政府，在他们的职权范围内，为执行法律、法规，需要制定此类规范性文件。地方性法规主要有各省、直辖市、自治区出台的《安全生产条例》《劳动安全卫生条例》等，如《陕西省安全生产条例》《重庆市高温天气劳动保护办法》等。

三、安全生产标准

（一）安全生产国家标准、行业标准

《中华人民共和国标准化法》第二条规定：标准包括国家标准、行业标准、地方标准和团体标准、企业标准。国家标准分为强制性标准、推荐性标准。行业标准、地方标准是推荐性标准。

《中华人民共和国安全生产法》第十一条规定：国务院有关部门应当按照保障安全生产的要求，依法及时制定有关的国家标准或者行业标准，并根据科技进步和经济发展适时修订。

生产经营单位必须执行依法制定的保障安全生产的国家标准或者行业标准。

目前，安全生产的国家标准和行业标准共 3 500 项左右，其中行业标准有 2 500 项左右，包括生产作业场所的安全标准，生产作业、施工的工艺安全标准，安全设备、设施、器材和安全防护用品的产品安全标准等。这些标准对规范企业安全生产工作具有非常重要

的作用。

（二）质量、环境和职业健康安全管理体系

ISO 9001 是质量管理体系的国际标准，旨在加强全方位的质量管理，提高产品质量，从而提高顾客满意度；ISO 14001 是环境管理体系的国际标准，目的在于降低能耗，节省能源，从而有效地推行清洁生产，实现经济效益和社会效益的双赢；ISO 45001：2018 是职业健康安全的发展趋势，通过 ISO 45001：2018 认证，可以提高职工的安全意识、安全素质和操作技能，让员工自觉防范健康安全风险，减少工伤事故和职业病的发生，保障职工利益。三大管理体系标准涵盖了现代企业管理最重要的内容，是 21 世纪人类社会生产实现可持续发展的三大基石（图 1-2~ 图 1-4）。

ISO 组织于 2015 年 9 月发布 ISO 9001：2015《质量管理体系 要求》和 ISO 14001：2015《环境管理体系 要求及使用指南》，2018 年 3 月又发布了 ISO 45001：2018《职业健康安全管理体系 要求及使用指南》。我国对应上述三个 ISO 标准发布了中华人民共和国国家标准：《质量管理体系 要求》（GB/T 19001—2016/ISO 9001：2015）、《环境管理体系 要求及使用指南》（GB/T 24001—2016/ISO 14001：2015）和《职业健康安全管理体系 要求及使用指南》（GB/T 45001—2020/ISO 45001：2018）。

ISO 9001：2015、ISO 14001：2015 及 ISO 45001：2018 这三个标准规定了组织能够用于提升其质量、环境和职业健康安全绩效的管理体系要求，且适用任何类型、规模和提供不同产品和服务的组织。

图 1-2　质量管理体系标准

图 1-3　环境管理体系标准

图 1-4　职业健康安全管理体系标准

单元四　员工安全教育

安全管理是企业发展过程中不可忽略的重要因素，为了提高员工安全能力、保障安全生产顺利进行，安全培训必不可少。安全培训主要涉及管理人员培训、从业人员培训、新从业人员培训、其他人员培训、日常安全教育、培训教育管理6个方面。

一、管理人员培训

（1）国家安全生产方针、法律、法规和标准；

（2）企业安全生产规章制度及职责；

（3）安全管理、安全技术、职业卫生等知识；

（4）有关事故案例及事故应急管理等。

二、从业人员培训

（1）学习必要的安全生产知识；

（2）熟悉有关安全生产规章制度和安全操作规程；

（3）掌握本岗位安全操作技能。

其中，特种作业人员的培训需要注意：

（1）必须参加专门的安全作业培训；

（2）取得特种作业操作资格证书；

（3）按规定参加复审。

三、新从业人员培训

三级安全教育是指新入厂职员和工人的厂级安全教育（公司级）、车间级安全教育（部门级）和岗位（班组级）安全教育。三级安全教育制度是厂矿企业（公司）安全教育的基本教育制度。企业必须对新工人进行安全生产的入厂教育、车间教育、班组教育；对调换新工种、复工，采取新技术、新工艺、新设备、新材料的工人，必须进行新岗位、新操作方法的安全卫生教育，受教育者，经考试合格后，方可上岗操作。

四、其他人员培训

其他人员培训包括转岗、下岗再就业、干部顶岗、脱离岗位6个月以上者，外来参观人员，学习人员，外来施工单位人员的培训。

五、日常安全教育

（1）学习国家和政府的有关安全生产法律法规；

（2）学习有关安全生产文件、安全通报、安全生产规章制度、安全操作规程及安全生产知识；

（3）讨论分析典型事故案例，总结和汲取事故教训；

（4）开展防火、防爆、防中毒及自我保护能力训练，异常情况的紧急处理及应急预案的演练；

（5）开展岗位技术练兵、比武活动；

（6）开展查隐患、反习惯性违章活动；

（7）开展安全技术座谈，观看安全教育电影和录像；

（8）熟悉作业场所和工作岗位存在的风险、防范控制措施；

（9）其他安全活动。

六、培训教育管理

培训教育管理包括制订培训计划、做好培训验证、整理培训档案、保存变更记录等。×××有限公司在培训教育管理中建立了三级安全培训教育卡，见表1-1。

表1-1　×××有限公司三级安全培训教育卡

新员工上岗岗位				
姓名：	性别：		年龄：	班组：
文化程度：	入厂日期：		报到日期：	年 月 日
培 训 内 容	厂级培训	1. 国家的安全生产方针、政策； 2. 安全生产法规、标准和法制观念； 3. 本单位生产过程及安全规章制度； 4. 本单位安全生产形势及历史上发生的重大事故及应汲取的教训； 5. 发生事故后如何抢救伤员、排除险情、保护现场和及时进行报告		
	安全考核分数			
	受训人	培训人	日期	年 月 日
	部门（车间）培训	1. 工程项目生产特点及现场的主要危险源分布； 2. 本项目（包括生产、生产现场）安全生产制度、规定及安全常规知识、注意事项； 3. 本工种的安全操作技术规程； 4. 高处作业、机械设备、电气安全基础知识； 5. 防火、防毒、防尘、防爆知识及紧急情况安全处置和安全疏散知识； 6. 防护用品发放标准及防护用品、用具使用的基本知识		

	受训人		培训人		日期	年　月　日
培 训 内 容	班组培训	1. 本班组作业特点及安全技术操作规程； 2. 班组安全活动制度及纪律； 3. 爱护和正确使用安全装置（设施）及个人劳动防护用品； 4. 本岗位易发生的不安全因素及防范对策； 5. 本岗位的作业环境及使用机械设备、工具的安全要求				
	受训人		培训人		日期	年　月　日
	受训人承诺	我自愿接受×××有限公司三级安全教育培训，并承诺在公司工作期间做到以下几点： 1. 如果不安全，绝对不工作； 2. 严格按照岗位安全操作规程作业，认真做好交接班工作； 3. 工作期间自觉遵守公司安全管理制度； 4. 服从安全管理人员及上级领导的指挥和建议，发现隐患及时上报； 5. 工作中做到"四不伤害"，杜绝"三违"，对于不安全的行为接受公司的处理； 6. 积极参加安全培训，提高安全技能				
	承诺人		日期		年　月　日	
确认栏	班长		主管		安全部	

◇ 做一做

观看安全生产月宣传片，并收集整理近三年的安全生产月活动方案、活动标语等（表 1-2）。

表 1-2　近 3 年的安全生产月活动内容

序号	2019 年	2020 年	2021 年
1	□安全生产月宣传片	□安全生产月宣传片	□安全生产月宣传片
2	□安全生产月活动方案	□安全生产月活动方案	□安全生产月活动方案
3	□活动标语	□活动标语	□活动标语

◎ 思 考

1. 如何理解"生命至上、安全第一"？

2. 生产经营单位的主要负责人对本单位安全生产工作负有哪些职责？

3. 试述"四不伤害"安全管理理念的内容。

4. 试述安全事故"四不放过"处理原则。

5. 我国安全生产的方针是什么？

6. 员工入职三级安全教育分别包含哪些内容？

应急及消防

知识结构图

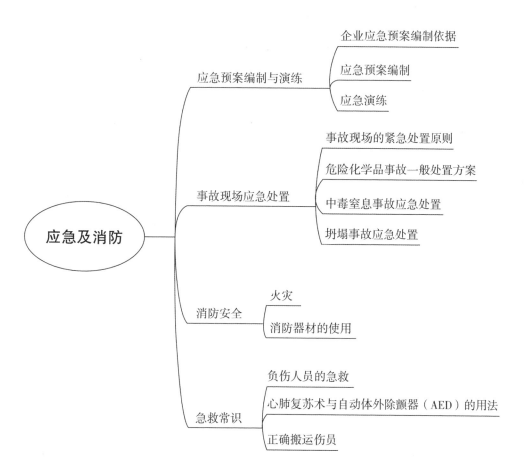

【**学习目标**】

　　具备基本的应急救援能力，能够识别危险因素，能够采取必要的措施进行现场应急处置，掌握事故现场急救的基本步骤，熟悉灭火器等消防器材的正确使用方法，形成良好的安全行为习惯，培养学生的独立分析问题和解决问题的能力。

【案例导入】

宁波锐奇日用品有限公司"9·29"重大火灾事故

2019年9月29日13时10分许，位于浙江省宁海县梅林街道梅林南路195号的宁波锐奇日用品有限公司（以下简称"锐奇公司"）发生重大火灾事故，事故造成19人死亡，3人受伤，过火总面积约1 100 ㎡，直接经济损失约2 380.4 万元。

接连不当处置　贻误灭火时机

2019年9月29日12时48分40秒，浙江宁波锐奇公司的一名男员工进入香水灌装车间，调配并加热香水原料（异构烷烃混合物）。当他将加热后的香水原料倒入塑料桶时，一团火苗突然蹿起来。这名员工一系列错误行为让原本能很容易扑灭的小火酿成了无法挽救的悲剧。

他首先用嘴去吹，但火不仅没灭，反而更大了；他又拿盖子去盖，发现桶盖和桶并不吻合。此时，装原料金属桶内的残留易燃液体被引燃，紧接着，一个火点瞬间变成了两个火点。

随后，他又朝着火苗用嘴吹，发现还是不管用，慌乱中找来一块纸板对着火苗扇风。风助火势，火不仅没有灭，反而烧得更旺了。

客观来讲，此时火势并不算大，若处置方式正确，完全可以快速将火点扑灭，然而他并没有看到距离起火点不远处的3个灭火器，贻误了灭火最佳时机。

火势渐起，旁观者未及时出手

12时50分20秒，日用品包装车间的一名男员工发现了火情，但他并未采取任何行动，而是冷眼观望了足足20秒，随后转身继续工作。

紧接着，离香水灌装车间最近的一名女员工也发现了火情，然而也并未采取行动。

12时51分25秒，塑料桶熔化，火势逐渐大了起来，但仍处于初起阶段，若选择用灭火器扑救仍能控制住火势，遗憾的是他仍没有发现附近的灭火器。

火势蔓延　误操作让灾情失控

12时52分20秒，日用品包装车间的男员工来到香水灌装车间查看火情，离他发现火情已过去整整2分钟，看到火势变大后，他慌忙跑出生产车间。

这时，塑料桶被大火彻底熔化，香水原料全部流出，形成流淌火。

一名男员工接下来的一个错误操作，让火势彻底失去了控制——他将水直接泼向着火点，火势瞬间迅速向四周蔓延扩散，并引燃周边可燃物，形成猛烈燃烧之势。显然他并不知道，类似由香水、乙醇、汽油等轻于水的物质引起的火灾，用水去扑救犹如火上浇油。

12时53分20秒，其他员工匆匆跑到起火车间，他们既没采取有效灭火措施，也未第一时间报警，更没及时通知楼上人员疏散逃生，而是手忙脚乱地对着起火点一番指点后迅速逃离火场。

大火爆燃　20多名员工身陷火海

一系列错误灭火行为导致大火迅速将整个香水灌装车间吞噬，随即向楼上蔓延，将二楼和三楼生产车间正在包装作业的20名员工置于危险之中。从附近居民手机拍摄画面可以看到，大火引爆香水灌装车间的化学原料，瞬间形成"蘑菇云"。

最终，大火造成19人死亡3人受伤。经现场勘察发现，这场夺命大火竟是由静电引燃可燃蒸气导致。

原来，异构烷烃的混合液加热后会产生可燃蒸气，在塑料桶里搅拌混合液过程中会产生静电，而在倾倒液体时塑料桶集聚的静电会放电，混合液的可燃蒸气就有可能被引燃。

从发生火情到火势蔓延扩大，从一个灭火器就能灭掉的小火，演变成19人死亡、3人受伤的悲剧，只用了短短3分30秒。一次又一次的错误选择，一个又一个漠然地旁观，导致火势蔓延扩散，最终造成夺走19条鲜活生命的悲剧。

（资料来源：中国消防）

⊙ 思 考

事故暴露出锐奇公司安全生产工作存在哪些问题？

人类对自然规律的认知没有止境,防灾减灾、抗灾救灾是人类生存发展的永恒课题。

中国将坚持以人民为中心的发展理念,坚持以防为主、防灾抗灾救灾相结合,全面提升综合防灾能力,为人民生命财产安全提供坚实保障。

——2018 年 5 月,习近平向汶川地震十周年国际研讨会致信强调

单元一　应急预案编制与演练

一、企业应急预案编制依据

根据新《安全生产法》和《中华人民共和国突发事件应对法》,国务院制定了《生产安全事故应急条例》。该条例的颁布实施标志着我国安全生产应急管理立法工作取得重大进展,对做好新时代安全生产应急管理工作具有特殊而重大的历史意义。

新《安全生产法》明确规定应树牢安全发展理念,坚持"安全第一、预防为主、综合治理"的方针,从源头上防范、化解重大安全风险,也是生命至上、依法应对、关口前移的应急工作理念。树立"宁可千日无事故、不可一日不准备"的思想,应急准备作为企业加强应急管理工作的主要任务,生产安全事故应急预案管理直接关系到应急救援的效率,直接关系到人民群众的生命财产安全。

《生产安全事故应急预案管理办法》(国家安全生产监督管理总局令第 88 号)为生产经营单位应急预案的编制提供了依据和指南,易燃易爆物品、危险化学品等危险物品的生产、经营、储存、运输单位,矿山、金属冶炼、城市轨道交通运营、建筑施工单位等有关重点单位,按照分级属地原则,向有关部门进行应急预案备案。

二、应急预案编制

(一)事故应急预案编制的原则

应急预案的编制应当遵循以人为本、依法依规、符合实际、注重实效的原则,以应急处置为核心,明确应急职责,规范应急程序,细化保障措施。

(二)事故应急预案编制程序

应急预案演练、应急救援队伍、应急物资储备、应急值班值守等方面搭建了安全生产

应急准备的基本内容。《生产经营单位生产安全事故应急预案编制导则》（GB/T 29639—2020）规定了生产经营单位应急预案编制程序包括成立应急预案编制工作组、资料收集、风险评估、应急资源调查、应急预案编制、桌面推演、应急预案评审和批准实施 8 个步骤。

1. 成立应急预案编制工作组

结合本单位职能和分工，成立以单位有关负责人为组长，单位相关部门人员（如生产、技术、设备、安全、行政、人事、财务人员）参加的应急预案编制工作组，明确工作职责和任务分工，制订工作计划，组织开展应急预案编制工作。预案编制工作组中应邀请相关救援队伍及周边相关企业、单位或社区代表参加。

2. 资料收集

应急预案编制工作组应收集下列相关资料：

（1）适用的法律法规、部门规章、地方性法规和政府规章、技术标准及规范性文件；

（2）企业周边地质、地形、环境情况及气象、水文、交通资料；

（3）企业现场功能区划分、建（构）筑物平面布置及安全距离资料；

（4）企业工艺流程、工艺参数、作业条件、设备装置及风险评估资料；

（5）本企业历史事故与隐患、国内外同行业事故资料；

（6）属地政府及周边企业、单位应急预案。

3. 风险评估

开展生产安全事故风险评估，撰写评估报告，其内容包括但不限于：

（1）辨识生产经营单位存在的危险有害因素，确定可能发生的生产安全事故类别；

（2）分析各种事故类别发生的可能性、危害后果和影响范围；

（3）评估确定相应事故类别的风险等级。

4. 应急资源调查

全面调查和客观分析本单位及周边单位和政府部门可请求援助的应急资源状况，撰写应急资源调查报告，其包括但不限于以下内容：

（1）本单位可调用的应急队伍、装备、物资、场所；

（2）针对生产过程及存在的风险可采取的监测、监控、报警手段；

（3）上级单位、当地政府及周边企业可提供的应急资源；

（4）可协调使用的医疗、消防、专业抢险救援机构及其他社会化应急救援力量。

5. 应急预案编制

应急预案编制应当遵循以人为本、依法依规、符合实际、注重实效的原则，以应急处置为核心，体现自救互救和先期处置的特点，做到职责明确、程序规范、措施科学，尽可能简明化、图表化、流程化。

应急预案编制工作包括但不限于以下内容：

（1）依据事故风险评估及应急资源调查结果，结合本单位组织管理体系、生产规模及处置特点，合理确立本单位应急预案体系；

（2）结合组织管理体系及部门业务职能划分，科学设定本单位应急组织机构及职责分工；

（3）依据事故可能的危害程度和区域范围，结合应急处置权限及能力，清晰界定本单位的响应分级标准，制定相应层级的应急处置措施；

（4）按照有关规定和要求，确定事故信息报告、响应分级与启动、指挥权移交、警戒疏散方面的内容，落实与相关部门和单位应急预案的衔接。

6. 桌面推演

按照应急预案明确的职责分工和应急响应程序，结合有关经验教训，相关部门及其人员可采取桌面演练的形式，模拟生产安全事故应对过程，逐步分析讨论并形成记录，检验应急预案的可行性，并进一步完善应急预案。

7. 应急预案评审

（1）评审形式。应急预案编制完成后，生产经营单位应按法律、法规有关规定组织评审或论证。参加应急预案评审的人员可包括有关安全生产及应急管理方面的、有现场处置经验的专家。应急预案论证可通过推演的方式开展。

（2）评审内容。应急预案评审主要包括以下内容：

① 风险评估和应急资源调查的全面性；

② 应急预案体系设计的针对性；

③ 应急组织体系的合理性；

④ 应急响应程序和措施的科学性；

⑤ 应急保障措施的可行性；

⑥ 应急预案的衔接性。

（3）评审程序。应急预案评审程序包括以下步骤：

① 评审准备。成立应急预案评审工作组，落实参加评审的专家，将应急预案、编制说明、风险评估、应急资源调查报告及其他有关资料在评审前送达参加评审的单位或人员。

② 组织评审。评审采取会议审查形式，企业主要负责人参加会议，会议由参加评审的专家共同推选出的组长主持，按照议程组织评审；表决时，应有不少于出席会议专家人数的2/3同意方为通过；评审会议应形成评审意见（经评审组组长签字），附参加评审会议的专家签字表。表决的投票情况应当以书面材料记录在案，并作为评审意见的附件。

③ 修改完善。生产经营单位应认真分析研究，按照评审意见对应急预案进行修订和完善。评审表决不通过的，生产经营单位应修改完善后按评审程序重新组织专家评审，生产经营单位应写出根据专家评审意见的修改情况说明，并经专家组组长签字确认。

8. 批准实施

通过评审的应急预案，由生产经营单位主要负责人签发实施。

（三）应急预案体系

生产经营单位应急预案可分为综合应急预案、专项应急预案和现场处置方案。生产经营单位应根据有关法律、法规和相关标准，结合本单位组织管理体系、生产规模和可能发生的事故特点，科学合理地确立本单位的应急预案体系，并注意与其他类别应急预案相衔接。

1. 综合应急预案

综合应急预案是生产经营单位为应对各种生产安全事故而制定的综合性工作方案，是本单位应对生产安全事故的总体工作程序、措施和应急预案体系的总纲。

2. 专项应急预案

专项应急预案是生产经营单位为应对某一种或者多种类型生产安全事故，或者针对重要生产设施、重大危险源、重大活动防止生产安全事故而制定的专项工作方案。

专项应急预案与综合应急预案中的应急组织机构、应急响应程序相近时，可不编写专项应急预案，相应的应急处置措施并入综合应急预案。

3. 现场处置方案

现场处置方案是生产经营单位根据不同生产安全事故类型，针对具体场所、装置或设施所制订的应急处置措施。现场处置方案重点规范事故风险描述、应急工作职责、应急处置措施和注意事项，应体现自救互救、信息报告和先期处置的特点。

事故风险单一、危险性小的生产经营单位，可只编制现场处置方案。

三、应急演练

（一）应急演练的定义、目的与原则

1. 定义

应急演练是指各级政府部门、企事业单位、社会团体，组织相关应急人员与群众，针对待定的突发公共事件假想情景，按照应急预案所规定的职责和程序，在特定的时间和地域，执行应急响应任务的训练活动。

2. 目的

（1）检验预案。通过开展应急演练，查找应急预案中存在的问题，进而完善应急预案，提高应急预案的实用性和可操作性。

（2）完善准备。通过开展应急演练，检查应对突发公共事件所需应急队伍、物资、装备、技术等方面的准备情况，发现不足及时予以调整补充，做好应急准备工作。

（3）锻炼队伍。通过开展应急演练，增强演练组织单位、参与单位和人员等对应急预案的熟悉程度，提高其应急处置能力。

（4）磨合机制。通过开展应急演练，进一步明确相关单位和人员的职责任务，理顺工作关系，完善应急机制。

（5）科普宣教。通过开展应急演练，普及应急知识，提高公众风险防范意识和自救互救等灾害应对能力。

3. 原则

（1）结合实际、合理定位；

（2）着眼实战、讲求实效；

（3）精心组织、确保安全；

（4）统筹规划、厉行节约。

（二）应急演练的组织与实施

一次完整的应急演练活动包括计划、准备、实施、评估总结和改进五个阶段。

1. 计划阶段

（1）梳理需求；

（2）明确任务；

（3）编制计划；

（4）计划审批。

2. 准备阶段

（1）成立演练组织机构（演练领导小组；策划、保障部、评估组、参演队伍和人员）；

（2）确定演练目标；

（3）演练情景事件设计；

（4）演练程序设计；

（5）技术保障方案设计；

（6）评估准备阶段标准和方法选择；

（7）编写演练方案文件；

（8）方案审批；

（9）落实各项保障工作（人员保障、经费保障、场地保障、物资和器材保障、技术保障、安全保障）；

（10）培训；

（11）预演。

3. 实施阶段

（1）演练前检查；

（2）演练前情况说明和动员；

（3）演练启动；

（4）演练执行；

（5）演练结束与实施阶段意外终止；

（6）现场点评会。

消防应急演练现场如图2-1所示。

图 2-1　消防应急演练现场

4. 评估总结阶段

（1）评估；

（2）总结报告；

（3）文件归档与备案。

5. 改进阶段

（1）改进行动；

（2）跟踪检查与反馈。

单元二　事故现场应急处置

突发性事故一旦发生，尤其是火灾、爆炸和倒塌等大型事故一旦发生，会瞬间导致人员伤亡或物资、设施设备损坏，使事故中存活下来的当事人处于十分恐惧的状态中，这个时候应该冷静对待，进行紧急处置。

一、事故现场的紧急处置原则

（1）遇到伤害事故发生时，不要惊慌失措，要保持镇静，并设法维持好现场的秩序。

（2）在周围环境不危及生命的条件下，一般不要随便搬动伤员。

（3）暂不要给伤员喝任何饮料和进食。

（4）如发生意外而现场无人时，应向周围大声呼救，请求来人帮助或设法联系有关部门，不要单独留下伤员而无人照管。

（5）遇到严重事故、灾害或中毒时，除急救呼叫外，还应立即向当地政府安全生产主管部门及卫生、防疫、公安等有关部门报告，报告现场在什么地方、伤员有多少、伤情如何、做过什么处理等。

（6）伤员较多时，根据伤情对伤员分类抢救，处理的原则是先重后轻、先急后缓、先近后远。

（7）对呼吸困难、窒息和心跳停止的伤员，立即将伤员头部置于后仰位，托起下颌，使呼吸道畅通，同时，施行人工呼吸、胸外心脏按压等复苏操作，原地抢救。

（8）对伤情稳定、估计转运途中不会加重伤情的伤员，迅速组织人力，利用各种交通工具分别转运到附近的医疗机构急救。

（9）现场抢救的一切行动必须服从有关领导的统一指挥，不可各自为政。

二、危险化学品事故一般处置方案

1. 报警

报警时应明确危险化学品事故发生的单位、地址、事故引发物质、事故简要情况、人员伤亡情况等。

2. 隔离事故现场，建立警戒区

事故发生后，应根据化学品泄漏的扩散情况或火焰辐射热所涉及的范围建立警戒区，并在通往事故现场的主要干道上实行交通管制。建立警戒区域时应注意以下几项：

（1）警戒区域的边界应设置警示标志，应有专人警戒。

（2）除消防、应急处理人员及必须坚守岗位人员外，其他人员禁止进入警戒区。

（3）泄漏溢出的化学品为易燃品时，区域内应严禁火种、禁用手机、禁止使用铁制器具。

3. 人员疏散

人员疏散包括撤离和就地保护两种。撤离是指迅速将警戒区及污染区内与事故应急处理无关的人员撤离，以减少不必要的人员伤亡。紧急疏散时应注意以下事项：

（1）如事故物质有毒时，需要佩戴个体防护用品或采用简易有效的防护措施，并有相应的监护措施。

（2）应向上风方向转移；明确专人引导和护送疏散人员到安全区，并在疏散或撤离的路线上设立哨位，指明方向。

（3）不要在低洼处滞留。

（4）查清楚是否有人留在污染区和着火区。

（5）就地保护是指人进入建筑物或其他设施内，直至危险过去。当撤离比就地保护更危险或撤离无法进行时，采取此项措施。指挥建筑物内的人关闭所有门窗，并关闭所有通风、加热、冷却系统。

4. 现场控制

应根据事故特点和事故引发物质的不同，采取不同的防护措施和急救方法。现场控制与急救时应注意以下事项：

（1）选择有利地形设置急救点；

（2）做好自身及伤病员的个体防护；

（3）防止发生继发性损害；

（4）应至少2人为一组集体行动，以便相互照应；

（5）所用的救援器材需具备防爆功能；

（6）当现场有人受到危险化学品伤害时，应立即进行以下处理：

①迅速将患者脱离现场至空气新鲜处。

②呼吸困难时给氧；呼吸停止时立即进行人工呼吸；心脏骤停，立即进行心脏按压。

③皮肤污染时，脱去污染的衣服，用流动清水冲洗，冲洗要及时、彻底、反复多次；头面部灼伤时，要注意眼、耳、鼻、口腔的清洗。

④当人员发生冻伤时，应迅速复温。复温的方法是采用 40 ℃～42 ℃恒温热水浸泡，使其温度提高至接近正常。在对冻伤的部位进行轻柔按摩时，应注意不要将冻伤处的皮肤擦破，以防感染。

⑤当人员发生烧伤时，应迅速将患者衣服脱去，用流动清水冲洗降温，用清洁布覆盖创伤面，避免伤面污染；不要任意把水疱弄破，患者口渴时，可适量饮水或含盐饮料。

⑥口服者，可根据物料性质，对症处理。

⑦经现场处理后，应迅速护送至医院救治。

针对不同事故，开展现场控制工作。应急人员应根据事故特点和事故引发物质的不同，采取不同的防护措施。

5. 泄漏处理

危险化学品泄漏后，不仅污染环境，对人体也可能造成伤害，对可燃物质，还有引发火灾爆炸的可能，因此，对泄漏事故应及时、正确处理，防止事故扩大。泄漏处理一般包括泄漏源控制及泄漏物处理两部分。泄漏现场处理时，应注意以下几项：

（1）进入现场人员必须配备必要的个人防护器具。

（2）如果泄漏物是易燃易爆的，应严禁火种，配备防爆器具施救。

（3）应急处理时严禁单独行动，要有监护人，并防止泄漏物扩散和发生化学反应。

（4）泄漏源的控制。可通过控制泄漏源来消除化学品的溢出或泄漏。

（5）泄漏物的处理。现场泄漏物要及时进行覆盖、收容、稀释、处理，使泄漏物得到安全可靠的处置，防止二次事故的发生。

 知识链接

危化品爆炸后如何自救？

应迅速向上风向快速撤离。千万不要围观，不要盲目进入事故现场。保证交通，服从指挥。不盲目恐慌，不听信谣言。保持镇静，做好防护。

三、中毒窒息事故应急处置

（1）当现场人员发现有人中毒窒息事故时，大声呼叫预警；并拨打内部报警电话。

（2）中毒事故现场处置：

① 立即打开门、窗，开启抽排风装置；

② 救援人员佩戴自主呼吸器进入场所救援；

③ 救援时使用防爆型设备和器材，防止引发火灾、爆炸事故；

④ 迅速将患者脱离现场并移至新鲜空气处；

⑤ 对泄露物进行堵漏、收容等处置工作；

⑥ 对中毒、窒息人员采取吸氧措施；

⑦ 呼吸停止时立即进行人工呼吸；

⑧ 心脏骤停应立即进行心脏按压和人工呼吸同时进行；

⑨ 经现场处理后，应迅速护送至医院救治。

四、坍塌事故应急处置

（1）坍塌事故发生后，事故现场有关人员立即向周围人员报警，同时向本单位领导报警，单位领导接到报警后，立即到达事故现场。

（2）有人员被埋，事故现场人员主动积极抢救被埋人员。

（3）单位领导到达事故现场后，立即启动应急预案，发出命令，应急小组到达事故现场履行职责，疏散无关人员。

（4）现场指挥人员及时拨打急救中心电话，由医务人员现场抢救受伤人员。

（5）抢救中如遇到坍塌巨物，人工搬运有困难时，现场指挥人员调集起重机进行吊运，在接近被埋人员时必须停止机械作业，改用人工挖掘，防止误伤被埋人员。

（6）救出被埋人员后，应将其搬运到安全地方，进行现场抢救。

2021 年全国应急救援
十大典型案例

火灾是各类企业比较常见的风险隐患，消防安全管理工作是企业安全生产的重中之重。

一、火灾

（一）火灾的相关概念

火灾是指在时间或空间上失去控制的灾害性燃烧现象。

燃烧是指可燃物与氧化剂作用发生的放热反应，通常伴有火焰、发光和（或）发烟现象。

（二）燃烧的必要条件

燃烧过程的发生和发展必须具备以下三个条件，即可燃物、助燃物和着火源。缺少其中任何一个条件，燃烧就不能发生（图2-2）。

图2-2　燃烧三要素

（三）火灾分类

《火灾分类》（GB/T 4968—2008）中根据可燃物的类型和燃烧特性可将火灾分为A、B、C、D、E、F六大类。

（1）A类火灾：指固体物质火灾。这种物质通常具有有机物质性质，一般在燃烧时能产生灼热的余烬，如木材、干草、煤炭、棉、毛、麻、纸张、塑料（燃烧后有灰烬）等火灾。

（2）B类火灾：指液体或可熔化的固体物质火灾，如煤油、柴油、原油、甲醇、乙醇、沥青、石蜡等火灾。

（3）C类火灾：指气体火灾，如煤气、天然气、乙烷、丙烷、氢气等火灾。

（4）D类火灾：指金属火灾，如钾、钠、镁、钛、锆、锂、铝镁合金等火灾。

（5）E类火灾：指带电火灾，物体带电燃烧的火灾。

（6）F类火灾：指烹饪器具内的烹饪物（如动植物油脂）火灾。

（四）火灾发展的四个阶段

（1）初起阶段：起火后的几分钟里，燃烧面积不大，烟气流动速度较慢，火焰辐射出的能量还不多，周围物品和结构开始受热，温度上升不快。初起阶段是灭火的最有利时机，也是人员安全疏散的最有利时段。因此，应设法把火灾及时控制、消灭在初起阶段。

（2）发展阶段：燃烧面积扩大，燃烧速度加快。

（3）猛烈阶段：燃烧强度最大，热辐射最强。

（4）下降和熄灭阶段：逐渐减弱直至熄灭。

（五）灭火基本方法

（1）冷却灭火：冷却至燃点、闪点以下，如冷却介质选择水，水能大量吸收热量，达到降温效果。

（2）窒息灭火：降低氧浓度，如用二氧化碳、水蒸气灭火。

（3）隔离灭火：将可燃物与氧、热和火焰隔离，如关闭液化气阀门、用泡沫灭火。

（4）化学抑制灭火：抑制自由基的产生，如利用干粉灭火器灭火。

二、消防器材的使用

（一）灭火器

灭火器如图2-3所示。

图2-3　灭火器

1. 灭火器的分类

（1）泡沫灭火器：扑救A、B类火灾，多用于油库、加油站等。

（2）二氧化碳灭火器和卤代烷（1211）灭火器：扑救档案资料、带电电器设备和精密仪器及机房的火灾，其特点是没有腐蚀性，无水渍影响。

（3）干粉灭火器：一般分为BC和ABC干粉两大类（ABC表示可以扑救A类、B类、C类火灾）。

2. 灭火器使用方法

灭火器适用范围见表2-1。

表 2-1　灭火器适用范围

灭火器类型		A 类火灾	B 类火灾		C 类火灾	D 类火灾	使用温度范围 /℃
		含碳固体火灾	油品火灾	水溶性液体火灾	可燃性气体火灾	电气设备火灾	
水型	清水	适用	不适用		不适用	不适用	4~55
	酸碱						
干粉型	磷酸铵盐	适用	适用		适用	适用	零下 10~55
	碳酸氢钠	不适用					
化学泡沫		不适用	适用	不适用	不适用	不适用	4~55
卤代烷型	1211	适用	适用		适用	适用	零下 20~55
	1301						
二氧化碳		不适用	适用		适用	适用	零下 10~55

　　用手握住灭火器提把，平稳、快捷地提往火场。使用前，应将灭火器上下颠倒几次，使筒内干粉松动，在安全距离下，拔出保险销，一只手握住开启压把，另一只手握住喷管，喷嘴对准火源根部喷射。喷射时，应采取由近而远、由外而里的方法（图 2-4）。

图 2-4　灭火器使用方法

3. 灭火器使用注意事项

　　灭火时，人应站在上风处。不要将灭火器的盖与底对着人体，以免盖、底弹出伤人。不要同时与水一起喷射，以免影响灭火效果。扑救电器火灾时，应先切断电源，防止人员触电。持喷筒的手应握在胶质喷管处，防止冻伤。

灭火器使用规范

（二）室内消火栓使用方法

　　打开箱门，取下挂架上的水带和弹簧架上的水枪，将水带接口连接在消火栓接口上，按动启泵按钮，此时消火栓箱上的红色指示灯亮，给控制室和消防泵送出火灾信号，按逆时针方向旋转消火栓手轮，即可出水灭火。

谈一谈

　　发生火灾是先报警还是先灭火？当发生火灾，现场只有一个人时怎么办？

（三）消防器材维护管理

消防器材包括灭火器、消火栓、消防桶、消防斧、消防锹、消防水带等。消防器材需要日常进行维护保养，以确保消防器材功能的正常使用。

（1）消防工作归口职能部门要根据有关消防规范要求对灭火器材进行合理布置，并登记造册。

（2）购置灭火器材须符合国家消防技术标准。对购置的器材应建立详细的台账，并报归口部门备案。

（3）职能部门每半年对所有的小型灭火器材进行一次检查，对缺少的灭火器材进行补充。

（4）应指定专人管理辖区内的灭火器材，灭火器材管理应做到"三定"（定位、定人、定责）。

（5）每周检查一次灭火器材的数量和定位情况，每月检查一次灭火器压力表指针是否在正常区域。在寒冷、炎热、潮湿季节，要对消火栓、灭火器采取防冻、防晒、防潮措施。

（6）因扑救本企业或友邻企业火灾而使用了灭火器，有关部门应及时报告消防工作归口职能部门，补充灭火器材。

（7）因管理不善，造成灭火器材丢失、损坏的，管理人应赔偿损失，并根据情况对联责部门进行经济考核。

单元四　急救常识

掌握急救知识不仅是对生命的敬畏，也是对企业安全的重视。在生命的危急时刻，在企业安全的关键时刻，掌握一些基本的现场急救知识并能够正确运用是对职业人最基本的要求。

现场急救，就是应用急救知识和最简单的急救技术进行现场初级救生，最大限度地稳定伤病员的伤情、病情，减少并发症，维持伤病员的最基本的生命体征。现场急救是否及时和正确，关系到伤病员生命和伤害的结果。

现场急救一般遵循下述四个步骤：

步骤一：当出现事故后，迅速将伤员脱离危险区，若是触电事故，必须先切断电源；若为机械设备事故，必须先停止机械设备运转。

步骤二：初步检查伤员，判断其神志、呼吸是否有问题，视情况采取有效的止血、防止休克、包扎伤口、固定、保存好断离的器官或组织、预防感染、止痛等措施。

步骤三：施救同时请人呼叫救护车，并继续施救到救护人员到达现场接替为止。

步骤四：迅速上报上级有关领导和部门，以便采取更有效的救护措施。

一、负伤人员的急救

（一）休克的急救

休克的症状是口唇及面色苍白、四肢发凉、脉搏微弱、呼吸加快、出冷汗、表情淡漠、口渴，严重者可出现反应迟钝，甚至神志不清或昏迷，口唇肢端发紫，四肢冰凉，脉搏摸不清，血压下降，无尿。预防休克和休克急救的主要方法如下：

（1）要尽快地发现和抢救受伤人员，及时、妥善地包扎伤口，减少出血、污染和疼痛。尤其对骨折、大关节伤和大块软组织伤，要及时地进行良好的固定。一切外出血都要及时有效地止血。凡确定有内出血的伤员，要迅速送往医院救治。

（2）对急救后的伤员，要安置在安全可靠的地方，让伤员平卧休息，并给予亲切安慰和照顾，以消除伤员思想上的顾虑。待伤员得到短时间的休息后，尽快送往医院治疗。

（3）对有剧烈疼痛的伤员，要服止痛药。

（4）对没有昏迷或无内脏损伤的伤员，要多次少量给予饮品，如姜汤、米汤、热茶水或淡盐水等。另外，冬季要注意保暖，夏季要注意防暑，有条件时要及时更换潮湿的衣服，使伤员平卧，保持呼吸通畅，必要时还应做人工呼吸。

（二）创伤止血救护

出血常见于割伤、刺伤、物体打击和碾伤等。及时止血是非常必要和重要的。遇到这类创伤时不要惊慌，可以用现场物品（如毛巾、纱布、工作服等）立即采取止血措施。如果创伤部位有异物卡在重要器官附近，可以拔出异物，处理好伤口。如果无把握就不要随便将异物拔掉，应立即送往医院，经医生检查，确定未伤及内脏及较大血管时，再拔出异物。

（三）骨折的临时急救处理

（1）查看伤肢是否变形，触摸是否有骨擦声。不要慌张、盲目搬动伤员，还要观察伤员是否清醒、瞳孔的变化（如散大等）。

（2）抢救生命。如骨折较重，或造成内伤导致失血或疼痛性休克，可用大指按压人中穴或涌泉穴，可找如针尖大小的利器针刺十宣穴。

（3）骨折临时固定法。

① 目的：减少疼痛及继发损伤，减少断端再移位，可以避免加重骨折端附近组织、神经、血管的损伤，便于搬运。

② 固定材料：木板、木条、木棒、毛巾、皮带，为了减少皮肤损伤，在骨突部位或变形部位用毛衣或衣物衬垫。

a.上肢骨折固定可直接用毛巾或皮带将上肢捆在躯干上。

b.下肢骨折固定可用木板条伸直位从腋下至脚跟，捆在伤肢侧位。

③ 脊椎骨折处理：应牵引下平放木板搬运。

（四）循环呼吸骤停的抢救

循环呼吸骤停是指各种原因造成的循环呼吸的突然停止和意识的丧失。

症状为触摸心脏搏动消失，瞳孔散大，触摸颈动脉消失，呼吸停止，面色灰白、口唇紫绀、意识丧失。

现场急救的主要方法如下：

（1）保持呼吸道畅通，清除口中异物；

（2）人工呼吸，心肺复苏。

（五）电击伤抢救

对于触电者的急救应分秒必争。发生呼吸、心跳停止的病人，病情都非常危重，这时应一面进行抢救，一面紧急联系，就近送病人去医院进一步治疗；在转送病人去医院途中，抢救工作不能中断。

（1）关掉电闸，切断电源，然后施救。无法关断电源时，可以用木棒、竹竿等将电线挑离触电者身体。如挑不开电线或其他致触电的带电电器，应用干的绳子套住触电者拖离，使其脱离电流。救援者最好戴上橡皮手套，穿橡胶运动鞋等。切忌用手去拉触电者，不能因救人心切而忽略自身安全。

（2）若伤员神志清醒，呼吸心跳均自主，应让其就地平卧，严密观察，暂时不要站立或走动，防止继发休克或心衰。

（3）伤员丧失意识时要立即叫救护车，并尝试唤醒伤员。对呼吸停止、心搏存在者，就地平卧解松其衣扣，通畅气道，立即进行口对口人工呼吸。对心搏停止、呼吸存在者，应立即做胸外心脏按压。

（4）若发现伤员心跳、呼吸已经停止，应立即进行口对口人工呼吸和心肺复苏措施（少数已证实被电死者除外），一般抢救时间不得少于 60 min。直到使触电者恢复心跳、呼吸，或确诊已无生还希望时为止。现场抢救最好能两人分别施行口对口人工呼吸及胸外心脏按压，以 1：5 的比例进行，即人工呼吸 1 次，心脏按压 5 次。如现场抢救仅有 1 人，用 15：2 的比例进行胸外心脏按压和人工呼吸，即先做胸外心脏按压 15 次，再口对口人工呼吸 2 次，如此交替进行，抢救一定要坚持到底。

有限空间作业
事故安全施救

二、心肺复苏术与自动体外除颤器（AED）的用法

心肺复苏和电击除颤是抢救心搏骤停患者的决定性措施，是心脏停搏患者复苏的基石。

（一）心肺复苏术

1. 检查判断患者意识

如果遇到有人倒地首先需要识别，即判断病人有无意识反应。确认周围环境安全，拍打病员双肩（轻拍重唤）。如果病员没有任何回应，视为无反应；如果不能确定是否无反应，则同样视为病员无反应，应立即拨打 120 急救电话，同时派人去取 AED 机器，判断若无呼吸，立即进行心肺复苏。

2. 实施胸外按压和人工呼吸

胸外按压：两手掌根上下重叠，十指相扣，掌心上翘，放置胸骨下半段。按压时肘关节不可弯曲，以髋关节为支点，用上身的力量，以掌根垂直向下用力快速按压。频率为 100~120 次 /min，按压深度为 5~6 cm（图 2-5、图 2-6）。

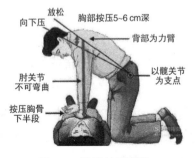

图 2-5　胸外按压姿势

图 2-6　胸外按压手势

3. 人工呼吸

心肺复苏

托起病员下颌，尽量使其头部后仰。一手捏住病员鼻孔以免漏气，对病员进行口对口吹气，直至其胸部扩张为止，然后放开病员鼻孔，让气从病员肺部排出，反复进行；每分钟 16~20 次。

（二）AED 用法

AED 是自动体外除颤器的英文缩写，专门用于非专业急救人员治疗室颤患者（图 2-7）。

（1）AED 到达后立即打开电源；

（2）在患者右侧锁骨下贴电极板正极，负极贴在患者左侧乳头外下方，按照 AED 语音指导操作（图 2-8）。

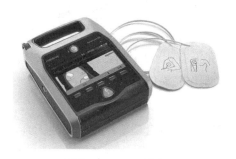

图 2-7　AED 设备

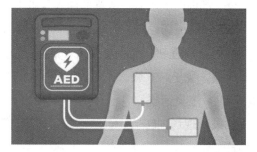

图 2-8　AED 电极粘贴位置

（3）当提示不要接触患者时，立即停止心肺复苏，并确保所有人未接触患者。

（4）等待 AED 分析心律及除颤操作。

（5）除颤后，立即继续心肺复苏术，持续约 2 min 后，AED 会自动分析心律，按语音提示操作。

（6）在专业人员未到达前，继续上述步骤。

AED 使用视频

三、正确搬运伤员

正确的搬运方法能在急救中保证伤员的安全，从而达到有效的救治目的。正确的搬运术对伤员的抢救、治疗和愈合都至关重要。

搬运方法有以下几种。

（一）单人搬运（由一个人进行搬运）

1. 徒手背式救人

救护者为一名。伤员平躺于地上，救护者检查其状况后，将伤员右腿抬起使其成屈膝状，然后侧卧在被救者左侧，两人背胸相靠；救护者右手握住伤员右手腕，右腿插入其右膝下，用脚跟勾紧其脚，拉紧其右臂使胸背靠紧转体，使伤员俯卧于背上，左臂支撑地面的同时右腿屈膝跪地，左腿向前跨步，右腿蹬地挺身起立，双手向后抱住其双腿，背负伤员至安全地带，身体下蹲，使伤员双脚先着地，左手抓住其右臂，身体向后转 180°，面对伤员，右手从其腋下伸向其背部搂住，同时，左脚在其右侧向前跨一步将其臀部着地坐下，左手扶其头后部，将伤员轻放于地上。

2.徒手抱式救人

救护者为一名。伤员平躺于地上，救护者检查伤者状况后，单膝跪地，一只手伸入伤员头后部，一只手伸入伤员腰或背后，将其上体扶起，让伤员一只手搭在救护者肩上，救护者左手搂其背部，右手抱其双腿，将伤员拉在跪地的膝上，然后站起将伤员救护至安全地带。救护者单膝跪地将伤员滑向跪地膝上，然后轻放于地上。

（二）双人搬运法

救护者为两名。伤员平躺于地上（或垫子上），救护者检查伤员状况后，一名救护者至伤员两脚中间，将伤员两腿抬成屈膝状，转身蹲下双手插入其两膝下抱住。另一名救护者在伤员头部前蹲下，双手从背部插入其腋下，两人协力将其抬起救至安全区，轻放于地上。

（三）器械搬运法

将伤员放置在担架上搬运，同时要注意保暖。在没有担架的情况下，也可以采用椅子、门板、毯子、衣服、大衣、绳子、竹竿、梯子等制作简易担架搬运。

（四）工具运送

如果从现场到转运终点路途较远，则应组织、调动、寻找合适的现代化交通工具，运送伤员。

做一做

1.组织学生开展地震、消防演练，提高灾难面前的自我保护能力。

2.分组练习心肺复苏及徒手救人操。

地震演练、消防演练和徒手救人操见表2-2。

表2-2　地震演练、消防演练和徒手救人操

项目	时间	组织形式	演练效工
地震演练			
消防演练			
徒手救人操			

思考

1.危险化学品一般具有爆炸性、易燃性、毒害性、腐蚀性、放射性等危险性质，一旦发生泄漏，若处理不当，不但会对周围环境造成严重污染和破坏，还会引起人体中毒甚至死亡。危险化学品泄漏事故发生时，在报警、进行交通管制、所有人员参加事故救援、疏散围观人群四种做法中，哪种是错误的？

2.应急预案编制的程序是什么？

3.化学品泄漏事故如何处置？

4.简述干粉灭火器的使用方法和注意事项。

企业生产安全

知识结构图

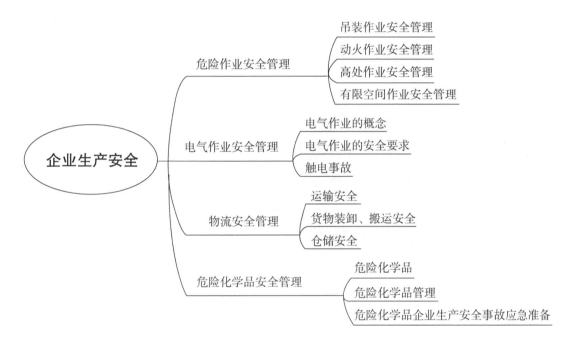

【学习目标】

熟悉危险作业安全操作要求，掌握触电事故原因，了解仓储安全，掌握危险化学品安全管理，增强职业安全意识。

【案例导入】

高处不系安全带　员工把命丧

　　某厂 2 名作业人员站在空气预热器上部钢结构上，在进行起重挂钩作业时，失去平衡同时跌落，1 人死亡。

简要经过

　　某年 6 月 12 日上午，某厂脱硝改造工作中，作业人员王某和周某站在空气预热器上部的钢结构上进行起重挂钩作业，2 人在挂钩时因失去平衡同时跌落。周某安全带挂在安全绳上，坠落后被悬挂在半空；王某未将安全带挂在安全绳上，从标高 24 m 坠落至 5 m 的吹灰管道上，抢救无效死亡。

　　事故图片及示意如图 3-1 所示。

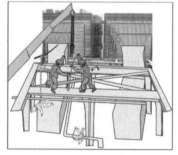

图 3-1　事故图片及示意

（资料来源：中国安全生产网）

思　考

　　事故的原因是什么？如何预防事故重复发生？

要健全风险防范化解机制，坚持从源头上防范化解重大安全风险，真正把问题解决在萌芽之时、成灾之前。

——2019 年 11 月，习近平在中央政治局第十九次集体学习时强调

单元一　危险作业安全管理

为了防止事故的发生，保障员工的安全健康和企业的财产安全，企业应加强危险作业的管理，规范危险作业的安全操作。

一、吊装作业安全管理

吊装作业是指利用各种吊装机具将设备、工件、器具、材料等吊起，使其发生位置变化的作业过程。

（一）吊装作业程序

（1）吊装作业人员必须经过专门培训，经考试合格后，持有特殊工种操作证才准予上岗操作。

（2）吊装作业前，应预先在吊装现场设置安全警戒标志并设专人监护。非施工人员禁止入内。吊装作业时，严禁在已吊装物下通行或站人。

（3）吊装作业人员必须佩戴安全帽。安全帽应符合《头部防护　安全帽》（GB 2811—2019）的规定，高处作业应遵守《高处作业安全管理制度》中的相关规定。

（4）吊装作业前，应对起重设备、钢丝绳、缆风绳、链条、吊钩和安全装置等各种机具进行检查，必须保证安全可靠，不允许带病运行。

（5）吊装作业前，必须分工明确，坚守岗位，使用统一的指挥信号（手势和笛声）。

（6）吊装作业前，必须对各种起重吊装机械的运行部位、安全装置及吊具、索具进行详细的安全检查，吊装设备的安全装置应灵敏可靠。吊装前必须试吊，确认无误后方可作业。

（7）任何人不得随同吊装重物或吊装机械升降，在特殊情况下，必须随之升降的，应采取可靠的安全措施，并经过现场指挥人员批准。

（8）汽车起重机工作前应按要求平整停机场所，牢固可靠打好支脚。

（9）吊装中吊装作业现场的吊绳索、缆风绳、拖拉绳等应避免同带电线路接触，并保持安全距离。

（10）重物不得在空中悬停时间过长，且起落度要平稳，非特殊情况不得紧急制动和急速下降。

（11）吊装作业的项目单位，必须指定作业监护人，监护人必须熟悉吊装作业现场环境及重要物料管线、设备。作业单位也应落实相应现场监护人，对作业相关的安全措施进行检查、落实。作业单位和项目单位监护人必须坚守现场，并做好应急处理。

（二）属具安全

1. 起重钢丝绳的报废（更新）标准

（1）钢丝绳断一整股时；

（2）在一个捻距内的断丝根数超过总根数的 10%；

（3）表面钢丝绳磨损，钢丝绳直径小于原直径的 7%；

（4）钢丝绳打结，严重锈蚀，使用当中断丝根数逐渐增加。因此，对起重作业使用的钢丝绳每天都应该进行检查，并做出是否安全的判断。

2. 起重吊钩的报废（更换）标准

（1）表面有裂纹；

（2）危险断面磨损量达原尺寸的 10%；

（3）开口度比原尺寸增加 15%；

（4）扭转变形超过 10%；

（5）吊钩颈部或危险断面产生塑性变形；

（6）扳钩心轴磨损达原尺寸的 5% 时，应报废心轴。吊钩不能采用焊补的办法，应报废，采用新钩。

（三）起重机械"十不吊"

（1）指挥信号不明。

（2）超负荷或物体质量不明。

（3）斜拉重物。

（4）光线不足，看不清重物。

（5）重物下站人。

（6）重物埋在地下。

（7）重物紧固不牢，绳打结、绳不齐。

（8）棱刃物体没有衬垫措施。

（9）重物越人头。

（10）安全装置失灵。

二、动火作业安全管理

动火作业是指能直接或间接产生明火的工艺设置以外的非常规作业，如使用电焊、气焊（割）、喷灯、电钻、砂轮等进行可能产生火焰、火花和炽热表面的非常规作业。

（一）动火作业的分级

一级动火：在易燃易爆危险区域、物资仓库等进行的动火作业。

二级动火：一般性切割、焊接，周围没有明显危险物品，或在空地处进行的动火作业。

（二）动火作业应注意的问题

（1）四不动火：没有经批准的动火证不动火，动火监护人不在现场不动火，防火措施不落实不动火，动火部位、时间与动火证不符不动火。对不符合"四不动火"要求的，有权拒绝动火。

（2）作业前应先进行危害识别，判断属于几级动火，动火作业中可能会遇到的危害。

（3）动火中应检查动火本体有无异常，动火环境条件有无变化（如天气变化等），动火周围、设备、管线和生产情况有无异常，气瓶管接头是否松动、脱落。

（4）动火后应检查现场余火是否熄灭，切断动火设备气源、电源。

（5）动火作业中现场必须有监护人在场，监护检查动火现场的情况，对照动火证确认防火措施，动火中发现异常情况应及时采取灭火措施。

三、高处作业安全管理

高处作业是指人在一定位置为基准的高处进行的作业。高处作业中的常见事故一般有两种：一种是人从高处坠落；另一种是坠落的物体把人砸伤。

（一）高处作业分级

（1）高度为 2~5 m（含 2 m），称为一级高处作业；

（2）高度为 5~15 m（含 5 m），称为二级高处作业；

（3）高度为 15~30 m（含 15 m），称为三级高处作业；

（4）高度为 30 m（含 30 m）以上，称为特级高处作业。

（二）高处作业应注意的问题

（1）作业前对作业人员的身体、作业许可证、劳动防护用品、作业通信进行检查。作业所在部门与施工单位现场安全负责人应对作业人进行必要的安全教育。高处作业中的安全标志、工具、仪表、电气设施和各种设备，应在作业前加以检查，确认其完好后投入使用。

（2）作业过程中发现高处作业的安全技术设施有缺陷和隐患时，作业单位现场负责人和监护人应及时组织解决；危及人身安全时，应停止作业，并根据应急处置方案内容启动应急和撤离。

（3）高处作业完工后，作业现场负责人应组织清扫现场，将作业用的工具、拆卸下的物件及余料和废料清理运走。

（4）脚手架、防护棚拆除时，应设置警戒区，并派专人监护。拆除脚手架、防护棚时不得上部和下部同时施工。高处作业完工后，临时用电的线路应由持有特种作业操作证书的电工拆除。

四、有限空间作业安全管理

有限空间是指封闭或部分封闭、进出口受限但人员可以进入，未被设计为固定工作场所，通风不良，易造成有毒有害、易燃易爆物质积聚或氧含量不足的空间。有限空间作业是指人员进入有限空间实施作业。

在确认作业环境、作业程序、安全防护设备和个体防护用品等符合要求后，作业现场负责人方可许可作业人员进入有限空间作业。

1. 注意事项

（1）作业人员使用踏步、安全梯进入有限空间的，作业前应检查其牢固性和安全性，确保进出安全。

（2）作业人员应严格执行作业方案，正确使用安全防护设备和个体防护用品，在作业过程中与监护人员保持有效的信息沟通。

（3）传递物料时应稳妥、可靠，防止滑脱；起吊物料所用绳索、吊桶等必须牢固、可靠，避免吊物时突然损坏、物料掉落。

（4）应通过轮换作业等方式合理安排工作时间，避免人员长时间在有限空间工作。

2. 实时监测与持续通风

在作业过程中，应采取适当的方式对有限空间作业面进行实时监测。监测方式有两种：一种是监护人员在有限空间外使用泵吸式气体检测报警仪对作业面进行监护检测；另一种是作业人员自行佩戴便携式气体检测报警仪对作业面进行个体检测。除实时监测外，作业过程中还应持续进行通风。当在有限空间内进行涂装作业、防水作业、防腐作业及焊接等动火作业时，应持续进行机械通风。

3. 作业监护

监护人员应在有限空间外全程持续监护，不得擅离职守。作业监护主要做好以下两个方面工作：

（1）跟踪作业人员的作业过程，与其保持信息沟通，发现有限空间气体环境发生不良变化、安全防护措施失效和其他异常情况时，应立即向作业人员发出撤离警报，并采取措施协助作业人员撤离。

（2）防止未经许可的人员进入作业区域。

4. 异常情况紧急撤离有限空间

作业期间发生下列情况之一时，作业人员应立即中断作业，撤离有限空间：

（1）作业人员出现身体不适。

（2）安全防护设备或个体防护用品失效。

（3）气体检测报警仪报警。

（4）监护人员或作业现场负责人下达撤离命令。

（5）其他可能危及安全的情况。

单元二　电气作业安全管理

电作为一种能源，是企业不可缺少的伙伴。但是，由于用电安全知识普及不够，在生活或工作中会出现触电、电击、烧伤、火灾等事故，从而造成不可估量的损失。因此，掌握安全用电的知识与技能，不仅是企业员工必须做到的，也是每个人应该做到的。

一、电气作业的概念

电气作业是指电气安装、调试、维修保养、操作和运行管理等作业。

电气作业人员是指直接从事电气作业的电工，以及从事实际操作的电气工程技术人员或电气管理人员。

二、电气作业的安全要求

（一）对电气作业人员的规定

（1）电气作业人员应年满 18 周岁，身体健康，无癫痫病、精神病、心脏病、色盲等妨碍电气作业的疾病及生理缺陷。

（2）电气作业人员应经安全技术培训考核合格，取得有关主管部门颁发的操作证并按规定期限参加复审。连续中断电气作业 6 个月以上者，应重新进行培训、考核、取证。

（3）在变 / 配电站内从事电气作业的人员应进行上岗前的体检，以后按规定定期检查。发现患有禁忌证及生理缺陷者应予以调离。

（二）电气作业的一般安全要求

（1）从事电气作业人员应根据作业要求正确穿戴劳动防护用品。

（2）在有监护要求的场所进行作业时，电气作业人员应不少于两人，并应指定专人进行监护。

（3）严禁在雨雪天气进行露天带电的电气作业。

（4）严禁手上潮湿时进行送电和拉闸作业。

（5）电气作业人员严禁在作业过程中佩戴金属饰品。

（6）工作前应检查确认工具、测量仪器和绝缘用具是否灵敏可靠。

（7）电气设备检修和线路施工，应严格按照送电规定的程序进行。

（8）电气设备未经验电，一律视为有电，不应用手触及。

（9）工作临时中断后或每班工作前，应重新检查安全措施，验明无电后方可继续工作。

（10）不应带负荷进行拉闸操作。凡校验及修理电气设备时应切断电源，取下熔断器并断开闸刀，挂上"有人工作，禁止合闸"的警告牌，停电警告牌应严格执行"谁挂谁取"

的原则。

（11）不应带电作业。遇有特殊情况不能停电时，在有经验的电工监护下，划出危险区域，采取严格的安全隔离措施后方可操作。

（12）用电产品因停电而停止动作或故障等情况导致开关跳闸后，应仔细检查有关线路和设备，查明原因，排除故障后方可合上开关，不应强行送电。

（13）调换熔断器，一般应切断电源，若需要带电操作时，须切断负载，戴好绝缘手套。进行熔断器调换作业的，应先切断用电负载，作业人员戴好绝缘手套后方可进行调换作业，必要时使用绝缘夹钳，站在绝缘垫上。熔断器的容量应与设备和线路容量相适应，不应使用超容量的熔断器和其他导体代替熔断丝（熔断器）。

（14）电气设备正常情况下不带电的金属外壳应可靠接地（接零），接地（接零）线的接设应符合相关标准。在同一低压电网中不允许将部分的设备金属外壳采用保护接地，而另一部分电气设备采用保护接零。

（15）电气作业工作结束时，应整理材料，清点工具，清理场地，文明生产。

三、触电事故

（一）触电

触电是人体触及带电体、带电体与人体之间电弧放电时，电流经过人体流入大地或是进入其他导体构成回路的现象。

（二）触电形式分类

触电使人体不同部位有电流流过。触电对人体的伤害可分为电击与电伤两类。电击是指电流流过人体内部破坏心脏、呼吸与神经系统，重则危及生命；电伤指电流的热效应、化学效应或机械效应对人体造成的伤害，可伤内部及骨骼，在人体体表留下电流印、电纹等触电伤痕。

（三）触电事故的原因

（1）电气线路、设备安装不符合安全要求。

（2）非电工任意处理电气事务。

（3）移动长、高金属物体碰触电源线、配电柜及其他带电体。

（4）操作漏电的机器设备或使用漏电电动工具。

（5）电动工具电源线破损或松动。

（6）电焊作业人员穿背心、短裤，不穿绝缘鞋；汗水浸透手套；焊钳误碰自身。

（7）湿手操作机器开关、按钮等。

（8）临时线使用或管理不善。

（9）配电设备、架空线路、电缆、开关、配电箱等电气设备，在长期使用中，受高温、高湿、粉尘、碾压、摩擦、腐蚀等，使电气绝缘损坏，接地或接零保护不良而导致漏电。

（10）接线盒或插头座不合格或损坏。

单元三　物流安全管理

企业的物流安全贯穿企业整个系统的各个功能活动，包括运输安全、装卸搬运安全、仓储安全、配送安全及包装安全等。

一、运输安全

（一）道路交通事故类型

道路交通事故类型主要有碰撞、碾压、刮擦、翻车、坠车、失火等。

（二）道路交通系统的三要素

道路交通系统的三要素为人、车、路。在三要素中，人员因素是影响道路交通安全的关键因素，包括驾驶员、行人、乘客等。驾驶员是环境的理解者和指令的发出与操作者，它是系统的核心，路和车的因素必须通过人才能起作用。三要素协调运动才能实现道路交通系统的安全性要求。

（三）道路运输主要的安全要求

（1）新车使用前应全面检查，按规定进行清洁、润滑、保养及必要的调整和磨合维护。

（2）驾驶员必须由有资格的培训单位培训，并经有关机关考试合格持证后方可上岗。

（3）车辆各种机构零件，必须符合技术规范和安全要求，严禁带故障运行。

（4）随车人员应坐到指定位置。

（5）严禁驾驶员酒后驾车、疲劳驾车、争道抢行、超速行驶。

（6）按核定的载重量装载货物，不得超重、超限。

（7）应当根据车辆的车型和技术条件承运适合装载的货物，与货物性质相抵触或对运输条件要求不相同的，不得混合装载。需要运输超长、超宽、超高、保鲜及危险货物等特殊物资时，配备必要的附加装备和安全防护装置；在特殊运行条件下，应根据需要配备保温、预热、防滑、牵引等临时性安全装备。

（8）装载货物必须均衡，捆扎牢固。装载大件和易于滚动的货物应该用绳索捆紧、拴牢，紧固妥当。

（9）危险货物运输应执行《道路危险货物运输管理规定》（中华人民共和国交通运输部令2019年第42号）。

二、货物装卸、搬运安全

装卸是指物品在指定地点以水平或机械装入运输设备或卸下。搬运是指在同一场所内，对物品进行水平移动为主的物流作业。装卸、搬运通常合在一起使用。装卸搬运作业也就是货物换装作业，是连接运输、储存的中间活动，较广泛地存在于各类企业，劳动密集，作业形式复杂。常见装卸搬运作业类型见表3-1。

表 3-1　常见装卸搬运作业类型

序　号	分类标准	类　型
1	设施设备	仓库、车间、铁路、站台、港口、汽车
2	机械作业方式	吊上吊下、叉上叉下、滚上滚下、移上移下、散装散卸
3	操作特点	堆码取拆、分拣配货、挪动移位
4	作业对象	单件、集装、散装
5	作业特点	连续性、间歇性
6	作业手段和组织水平	人工、机械、综合机械、自动化

（一）装卸搬运安全要求

（1）应严格遵守安全操作规程，正确使用搬运装卸机械、工索具。

（2）轻装轻卸，堆码整齐，捆扎牢固，衬垫合理，避免货物移动和翻倾。

（3）现场作业必须戴好安全帽；水上作业必须穿好救生衣；高处作业必须系好安全带。

（4）"七严禁"：严禁无证从事特种作业；严禁在作业场所吸烟或擅自动火；严禁超负荷作业；严禁在吊物下和吊运路线上停留或作业；严禁无关人员进入装卸机械安全作业警示区；严禁超员搭乘装卸机械；严禁在船舱内、仓库内、车厢里、车卡底、货堆上及货堆脚旁睡觉。

（5）无关人员与车辆不准进入作业范围。

（6）货物、托盘、集装箱、货叉、货斗内不准带人升降。

（7）易滚动货物，应逐层装卸，并做好货物的防滚垫塞。

（8）风大于7级时，应停止露天货物装卸作业；雨天，应停止标有防潮标记的货物在露天作业。

（二）装卸搬运机械基本安全操作

（1）装卸机械司机必须经过培训，经考核合格后，持证上岗，不准驾驶操作与所持证件不相符的机械。

（2）机械设备不准带故障作业，交接班时应交代安全措施和注意事项，并对机械进行检查和试运转。

（3）机械启动前，司机应确认机械周围无人和障碍物，鸣号后才慢速启动。

（4）机械运行时，应关好驾驶室门；作业时不准超负荷作业，不准做与作业无关的事；不准拨打、接听手机。

（5）厂内搬运机械行驶中应做到"十个慢"，即起步慢；人多车挤慢；将到作业地点慢；进出仓库或集装箱慢；横过铁路平交道口慢；道路狭窄慢；道路不平慢；上下坡、转弯慢；过限高廊道慢；装载贵重、易碎、危险物品和重大件慢。

（6）作业中发现机械设备有异声、异状、异味时，应立即停机检查处理。

三、仓储安全

仓储是指利用仓库及相关设备进行物品入库、存储、出库的活动。仓储是企业物流系统的中心环节之一，是生产企业、物流企业的重要组成部分。

仓库的一般安全要求如下：

（1）新建、改建、扩建的仓库的安全设施应与主体工程同时设计、同时施工、同时投入生产使用。

（2）仓库选址应根据储存货物的特性，充分考虑地质、水文、气候、地形等自然条件。

（3）仓库设计、施工及验收必须符合国家相关规范的要求。

（4）仓库的电气线路、防雷装置及电气装置要符合国家现行的有关规定，敷设的配电线路需穿金属管或用非燃硬塑料管保护。库房内不准设置移动式照明灯具。照明灯具下方不准堆放物品，其垂直下方与储存物品的水平间距不得小于 0.5 m。

（5）库存物品应当分类、分垛储存，并预留必要的防火间距。库房内每垛占地面积不宜大于 100 m²，垛与垛间距不小于 1 m，垛与墙间距不小于 0.5 m，垛与梁、柱的间距不小于 0.3 m，主要通道的宽度不小于 2 m。

（6）仓库电器设备的周围和架空线路的下方严禁堆放物品。

（7）对提升、码垛等机械设备易产生火花的部位，要设置防护罩。

（8）库房内应当设置醒目的防火标志，不准使用电热器具及家用电器，严禁使用明火。

（9）仓库要配备相应的消防设施，做好安全标志，对储存物资及安全设施定期检查，确保正常使用。

（10）仓库管理员应当熟悉储存物品的分类和防火安全制度，掌握消防器材的使用和维护、保养方法。仓库的设备设施应当由专人管理，负责检查、保养及报修，保证完好有效。

（11）进出库区的外来车辆，必须持有效的入库通行证明。各种机动车辆装卸物品后，不准在库区、库房、货场内停放和修理。

（12）库存物资不准堆放在电器开关附近或压在电线上。堆放不得阻塞消防通道，消防设备便于正常取用。

职业技能等级证书中的安全

物流管理职业技能等级证书作为第一批 1+X 证书之一，分为初、中、高三个级别，分别对应的学历层次为中职、高职、本科。初级包含物流市场开发与客户管理、运输管理、配送管理、仓储与库存管理、数字化与智能化五个模块，中级在初级的基础上增加了物流成本与绩效管理模块，高级又在中级的基础上增加了供应链管理模块。物流管理 1+X 证书要求从业人员应具备职业安全、职业道德、环保认知等职业素养。物流管理职业等级考试（中级）分值分配见表 3-2。

表 3-2　物流管理职业等级考试（中级）分值分配

模块	理论考试分值	实操考试分值	合计	权重推荐
物流市场开发与客户经理	15	20	35	1
运输管理	14	20	34	2
仓储与库存管理	15	15	30	3
物流成本与绩效管理	10	20	30	3
职业道德、环境保护及职业安全认识	6	15	21	4
配送管理	6	10	16	5
物流基础与行业认知	10	0	10	6
数字化与智能化应用	10	线下实操100	10	6
基本管理技能应用	8	0	8	7
物流创新优化与创业	6	0	6	8
合计	100	200	200	

近些年来，我国危险化学品导致的事故居高不下，危险化学品的安全管理事关人民群众的生命财产和人类的共同环境。为此，加强危险化学品的管理是企业安全生产的重中之重。

一、危险化学品

根据《危险化学品安全管理条例》（2013修订）规定，危险化学品是指具有毒害、腐蚀、爆炸、燃烧、助燃等性质，对人体、设施、环境具有危害的剧毒化学品和其他化学品。

依据《化学品分类和危险性公示 通则》（GB 13690—2009）要求，危险化学品按理化危险、健康危险、环境危险 3 大类进行分类。

危险化学品理化危险分为 16 类，如图 3-2 所示。

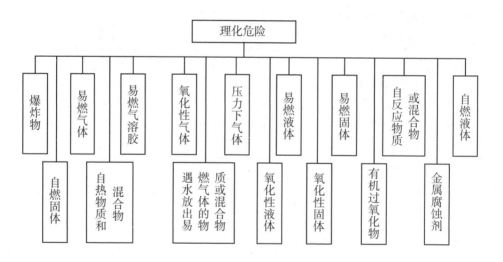

图 3-2 危险化学品理化危险

危险化学品健康危险分为 10 类，如图 3-3 所示。

危险化学品环境危险分为 2 类，如图 3-4 所示。

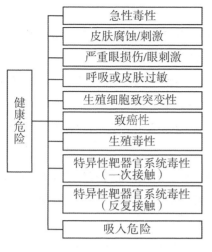

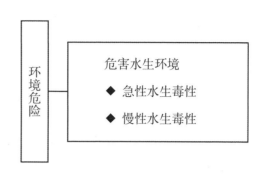

图 3-3　危险化学品健康危险　　　　　图 3-4　危险化学品环境危险

二、危险化学品管理

危险化学品（危化品）安全管理应基于整个生命周期进行，具体可划分为 4 个环节，分别为评估与采购环节，接收、建档与标识环节，储存与分发环节及安全使用与废物处理环节。

（一）评估与采购环节

企业应根据产品生产过程的需要，结合相关法律法规及标准中有关化学品的要求，选择与之相应的低毒或无毒危险化学品。要严格审查危险化学品供应商的资质情况，危险化学品的运输应使用有资质的运输商，这些资质有危险化学品运输许可证、危险化学品车辆执照、危险化学品车辆驾驶证、危险化学品押运证等。高毒化学品供应商还应持有公安部门出具的资质证书。

（二）接收、建档与标识环节

危险化学品接收必须由受过相关培训有资质的人员进行。危险化学品采购回来后，库管员对化学品进行必要的验证，应保证入库化学品名称、型号、数量无差错，包装完整、标识清晰，无破损、泄漏，做好入库危险化学品记录。

（三）储存与分发环节

（1）储存的危险化学品应外包装干净、干燥、标签完整，符合相应产品的包装规定。应根据危险品性能分区、分类、分库贮存，并在醒目处标明储存品的名称、性质和应急处理方法。

（2）各类危险化学品不得与禁忌物料混合贮存。

① 剧毒物品必须储存于专用仓库，不能与其他危险物品同存一库。

② 氧化剂或具有氧化性的酸不能与易燃物品同存一库。

③ 盛装性质相抵触气体的气瓶不可同存一库。

④危险物品与普通物品同存一库时应保持一定距离。

⑤危险化学品的包装容器应当牢固、密封，发现破损、残缺、变形和物品变质、分解等情况时，应当及时进行安全处理，严防跑、冒、滴、漏。

⑥危险化学品露天堆放，场所应符合防火、防爆的安全要求，在炎热季节必须采取降温措施。爆炸物品、一级易燃物品、遇湿燃烧物品、剧毒物品不得露天堆放。

（3）加强对危险化学品库管员的管理，库管员应熟悉相关化学品的"化学品安全说明书"及相关的应急程序。

（4）应加强对危险化学品库的日常检查和定期检查，并应尽可能减少危险化学品的库存量，储存量不得高于《危险化学品重大危险源辨识》（GB 18218—2018）中所列出的临界量。

（5）企业应制定危险化学品的领用制度。使用化学品时，在仓管员处领取，并建立详细的化学品清单，以确定化学品的库存情况；使用岗位应有相关化学品的"化学品安全说明书"。

（四）安全使用与废物处理环节

（1）使用危险化学品时，应按相应安全技术操作规程和产品使用说明及技术要求严格执行，必要时，员工应佩戴相关的个人防护用品，并对现场环境进行定期监测。

（2）对于报废的危险化学品及废弃的危险化学品容器，应按照国家危险废物管理相关规定进行处理。如自身无法合法处置，必须交有资质的机构处理。

（3）报废的危险化学品不能直接排入河流及倾倒到土壤。

三、危险化学品企业生产安全事故应急准备

为加强危险化学品企业安全生产应急管理工作，有效防范和应对危险化学品事故，保障人民群众生命和财产安全，国家应急管理部制定了《危险化学品企业生产安全事故应急准备指南》（应急厅〔2019〕62号）。该指南适用危险化学品生产、使用、经营、储存单位（以下统称危险化学品企业）依法实施生产安全事故应急准备工作。

应急准备是指以风险评估为基础，以先进思想理念为引领，以防范和应对生产安全事故为目的，针对事故监测预警、应急响应、应急救援及应急准备恢复等各个环节，在事故发生前开展的思想准备、预案准备、机制准备、资源准备等工作的总称。依法做好生产安全事故应急准备是危险化学品企业开展安全生产应急管理工作的主要任务，是落实安全生产主体责任的重要内容。应急准备应贯穿危险化学品企业安全生产各环节、全过程。

危险化学品企业应遵循安全生产应急工作规律，依法依规，结合实际，在风险评估基础上，针对可能发生的生产安全事故的特点和危害，持续开展应急准备工作。

应急准备内容主要由思想理念、组织与职责、法律法规、风险评估、预案管理、监测与预警、教育培训与演练、值班值守、信息管理、装备设施、救援队伍建设、应急处置与救援、应急准备恢复、经费保障等要素构成。每个要素由若干项目组成。

要素 1：思想理念

思想理念是应急准备工作的源头和指引。

危险化学品企业要坚持以人为本、安全发展、生命至上、科学救援的理念，树立安全发展的红线意识和风险防控的底线思维，依法依规开展应急准备工作。

本要素包括安全发展红线意识、风险防控底线思维、应急管理法治化与生命至上、科学救援四个项目。

要素 2：组织与职责

组织健全、职责明确是企业开展应急准备工作的组织保障。

危险化学品企业主要负责人要对本单位的生产安全事故应急工作全面负责，建立健全应急管理机构，明确应急响应、指挥、处置、救援、恢复等各环节的职责分工，细化落实到岗位。

本要素包括应急组织、职责任务两个项目。

要素 3：法律法规

现行法律、法规、制度是企业开展应急准备的主要依据。

危险化学品企业要及时识别最新的安全生产法律、法规、标准规范和有关文件，将其要求转化为企业应急管理的规章制度、操作规程、检测规范和管理工具等，依法依规开展应急准备工作。

本要素包括法律法规识别，法律、法规转化，建立应急管理制度 3 个项目。

要素 4：风险评估

风险评估是企业开展应急准备和救援能力建设的基础。风险评估是指依据《生产过程危险和有害因素分类与代码》（GB 13861—2022）、《危险化学品重大危险源辨识》（GB 18218—2018）、《职业病危害因素分类目录》等辨识各种安全风险，运用定性和定量分析、历史数据、经验判断、案例比对、归纳推理、情景构建等方法，分析事故发生的可能性、事故形态及其后果，评价各种后果的危害程度和影响范围，提出事故预防和应急措施的过程。

危险化学品企业要运用底线思维，全面辨识各类安全风险，选用科学方法进行风险分析和评价，做到风险辨识全面、风险分析深入、风险评估科学、风险分级准确、预防和应对措施有效。运用情景构建技术，准确揭示本企业小概率、高后果的"巨灾事故"，开展有针对性的应急准备工作。

本要素包括风险辨识、风险分析、风险评价、情景构建四个项目。

要素 5：预案管理

针对性和操作性强的应急预案是企业开展应急准备和救援能力建设的"规划蓝图"、从业人员应急救援培训的"专门教材"、救援行动的"作战指导方案"。

危险化学品企业要组成应急预案编制组，开展风险评估、应急资源普查、救援能力评估，编制应急预案。要加强预案管理，严格预案评审、签署、公布与备案；及时评估和修订预案，增强预案的针对性、实用性和可操作性。

本要素包括预案编制、预案管理、能力提升三个项目。

要素 6：监测与预警

监测与预警是企业生产安全事故预防与应急的重要措施。

监测是及时做好事故预警，有效预防、减少事故，减轻、消除事故危害的基础。预警是根据事故预测信息和风险评估结果，依据事故可能的危害程度、波及范围、紧急程度和发展态势，确定预警等级，制订预警措施，及时发布实施。

本要素包括监测、预警分级、预警措施三个项目。

要素 7：教育培训与演练

教育培训与演练是企业普及应急知识，从业人员提高应急处置技能、熟练掌握应急预案的有效措施。

危险化学品企业应对从业人员（包含承包商、救援协议方）开展针对性知识教育、技能培训和预案演练，使从业人员掌握必要的应急知识、与岗位相适应的风险防范技能和应急处置措施。要建立从业人员应急教育培训考核档案，如实记录教育培训的时间、地点、人员、内容、师资和考核的结果。

本要素包括应急教育培训、应急演练、演练评估三个项目。

要素 8：值班值守

值班值守是企业保障事故信息畅通、应急响应迅速的重要措施，是企业应急管理的重要环节。

危险化学品企业要设立应急值班值守机构，建立健全值班值守制度，设置固定办公场所，配齐工作设备、设施，配足专门人员、全天候值班值守，确保应急信息畅通、指挥调度高效。规模较大、危险性较高的危险化学品生产、经营、储存企业应当成立应急处置技术组，实行 24 小时值班。

本要素包括应急值班、事故信息接报、对外通报三个项目。

要素 9：信息管理

应急信息是企业快速预测、研判事故，及时启动应急预案，迅速调集应急资源，实施科学救援的技术支撑。

危险化学品企业要收集整理法律、法规、企业基本情况、生产工艺、风险、重大危险源、危险化学品安全技术说明书、应急资源、应急预案、事故案例、辅助决策等信息，建立互联共享的应急信息系统。

本要素包括应急救援信息、信息保障两个项目。

要素 10：装备设施

装备设施是企业应急处置和救援行动的"作战武器"，是应急救援行动的重要保障。

危险化学品企业应按照有关标准、规范和应急预案要求，配足配齐应急装备、设施，加强维护管理，保证装备、设施处于完好可靠状态。经常开展装备使用训练，熟练掌握装备性能和使用方法。

本要素包括应急设施、应急物资装备和维护管理三个项目。

要素 11：救援队伍建设

救援队伍是企业开展应急处置和救援行动的专业队与主力军。

危险化学品企业要按现行法律法、规制度建立应急救援队伍（或者指定兼职救援人员、签订救援服务协议），配齐必需的人员、装备、物资，加强教育培训和业务训练，确保救援人员具备必要的专业知识、救援技能、防护技能、身体素质和心理素质。

本要素包括队伍设置、能力要求、队伍管理、对外公布与调动四个项目。

要素 12：应急处置与救援

应急处置与救援是事故发生后的首要任务，包括企业自救、外部助救两个方面。

危险化学品企业要建立统一领导的指挥协调机制，精心组织，严格程序，措施正确，科学施救，做到迅速、有力、有序、有效。要坚持救早救小，关口前移，着力抓好岗位紧急处置，避免人员伤亡、事故扩大升级。要加强教育培训，杜绝盲目施救、冒险处置等蛮干行为。

本要素包括应急指挥与救援组织、应急救援基本原则、响应分级、总体响应程序、岗位应急程序、现场应急措施、重点监控危险化学品应急处置、配合政府应急处置八个项目。

要素 13：应急准备恢复

事故的发生打破了企业原有的生产秩序和应急准备常态。

危险化学品企业应在事故救援结束后，开展应急资源消耗评估，及时进行维修、更新、补充，恢复到应急准备常态。

本要素包括事后风险评估、应急准备恢复、应急处置评估三个项目。

要素 14：经费保障

经费保障是做好应急准备工作的重要前提条件。危险化学品企业要重视并加强事前投入，保障并落实监测预警、教育培训、物资装备、预案管理、应急演练等各环节所需的资金预算。

要依法对外部救援队伍参与救援所耗费用予以偿还。

本要素包括应急资金预算、救援费用承担两个项目。

做一做

学生分组排查校园安全隐患，形成调查报告（表 3-3）。

2021 年全国生产安全事故
十大典型案例

表 3-3　校园安全隐患排查

序号	排查项目	排查情况	排查人
1	校舍情况		
2	安全器材配备情况		
3	食堂卫生情况		
4	安全保卫情况		
5	......		

思 考

1. 起重机械"十不吊"有哪些?

2. 触电事故原因有哪些?

3. 危险化学品储存有哪些要求?

企业安全保卫

知识结构图

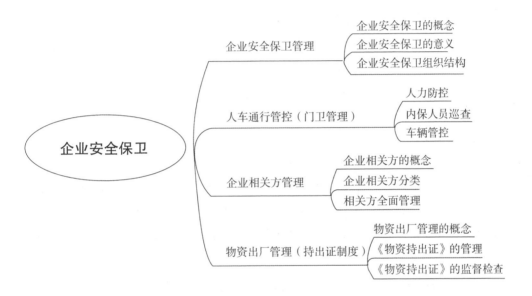

【学习目标】

通过本模块学习，了解企业安全保卫的相关知识，明确企业安全保卫组织职责、从门卫到内部的治安保卫制度、保安人员的职责等，熟练掌握企业安全保卫的制度及工作流程、相关方管理概念、企业安全保卫（又称治安保卫）的概念及物资出厂管理。

2021 年 2 月 18 日 7：50，西部汽车集团公司东门，几十位该集团的员工统一着公司工服在门卫室外人员进出的闸机处，排队刷个人一卡通卡进入厂区上班，一人一卡，一卡一入。

物流公司的小王在闸机旁焦急地等待公司综合部的李经理，因为他今天忘带了个人一卡通卡，无法进入厂区，只能等待公司有资格办理临时出入手续的综合部李经理来办理；5 min 后，综合部李经理快步来到东门门卫室，替小王办理了临时入厂手续，小王这才进入厂区，避免了一次迟到事故。

10：10，公司东门外门卫处，又来了 3 位身穿便装的非本企业人员，要进入厂区，被门卫拦下。当他们说明来意后，门卫让他们电话联系物流公司张总助，原来他们是到物流公司来参观学习的，前一天就联系好了。

一会儿，物流公司张总助带着保卫队长和培训专员赶到公司东门外门卫处，为 3 位客人办好了入场手续；由保卫队长和培训专员对 3 位客人进行了简短的相关方人员告知培训；同时，保卫队长还拿出 3 套带有物流公司标识的反光马甲和访客证，为他们佩戴好，然后进入厂区。

10：30，一辆装有几箱货物和几个工位器具的卡车，从厂区驶来停在东门门口，准备从此门出厂，门卫示意司机出示物资出门手续；司机立即出示了车辆通行证，同时将《物资持出证》《货物出库票》和《工位器具出库票》交到门卫手中，由门卫查验。

门卫登车比照票据对实物进行了认真的核对，确认准确无误后，将《物资持出证》收下保存，将《货物出库票》和《工位器具出库票》退还给司机，对该车辆予以放行。

思考

1. 上述案例场景，都涉及企业安全保卫的哪些工作？

2. 这些安全保卫工作，分别给企业带来哪些利益和好处？

安全生产必须警钟长鸣、常抓不懈，丝毫放松不得，否则就会给国家和人民带来不可挽回的损失。

——2013 年 11 月 24 日，习近平在青岛黄岛经济开发区考察输油管线泄漏引发爆燃事故抢险工作时的讲话

单元一 企业安全保卫管理

一、企业安全保卫的概念

企业安全保卫工作是社会治安综合治理的重要组成部分。企业的安全保卫组织是企业正常运行的重要保障。企业的安全保卫工作特指企业范围内的通行出入控制、防盗管理、相关方管理、防火、突发事件处理及其他保护企业利益的工作。

重要提示：安保和保安两者的区别如下：

安保，是行业性泛指类词汇，也可以理解为安全保卫行业的简称，指的是安全保卫工作，是一项工作性质，可以是一种工作、一项任务，或一个部门。

保安，指的是一种岗位，一种职业或一种行业，是职业性名词，一般是对从事社区门岗、银行安全保卫等人员的称呼。

二、企业安全保卫的意义

企业的安全保卫工作，向来被视为社会治安综合治理的重要组成部分，关乎国计民生。企业又是社会经济发展的组成细胞，企业内部安全保卫工作的好坏，直接制约着企业的安全与发展，影响社会的和谐与稳定。做好企业安全保卫工作，也是企业生产经营有序开展的根本保证，事关企业改革发展大局和职工群众生命财产安全，对于企业发展与构建和谐社会都具有至关重要的意义。

（一）为企业发展创造良好环境

企业要有良好的发展，必须有一个安全稳定和长治久安的治安环境，安全保卫工作就是保障企业安全稳定的重要手段。要想安全稳定就要把安全隐患防控在起始阶段，把不稳定因素消灭在萌芽状态，维护企业生产经营秩序稳定，保护职工生产安全，保护国有资产不受不法侵害，使生产经营在安全稳定的环境中进行。做好企业内部安全保卫工作，对于构建社会主义和谐社会，促进经济社会发展至关重要。

（二）为企业安全生产经营保驾护航

企业的安全保卫工作做得好，就会为企业安全生产经营起到保驾护航的作用，为企业可持续发展创设良好的安全环境。

安全稳定是企业生产经营工作第一要务，积极和加大力度做好企业内部安全保卫工作是为企业护好航保好驾。通过加强安全防范工作，在某种程度上能够防范犯罪，为企业减少或挽回经济损失。必须严格落实安全保卫工作制度，加强安保工作责任，强化监督检查，多措并举，最大限度地遏制治安刑事案件的发生和影响企业稳定事件发生。

在新形势下，企业管理在逐渐发生变革，作为企业管理的一部分，企业安全保卫工作的外延在拓展、内涵也在扩大，承担了更多的责任，确保企业安全生产经营活动。同时，企业在进行安全保卫工作时，落实消防安全管理、安全生产作业管理，使企业职工有一个安定、舒心的工作环境，全身心地投入生产经营，保障企业的可持续发展，并结合安全问题提出有效的解决途径，为企业的进一步发展奠定基础。

（三）为员工营造和谐稳定工作秩序

企业治安保卫工作好坏直接关系职工思想稳定和生命财产安全，与其切身利益息息相关。一个和谐稳定的治安环境可以使企业管理层不会因为企业内部安全稳定而操心、忧虑，全身心地投入企业生产经营工作和企业发展决策；一个安全稳定秩序可以使职工合法权益得到维护和生命财产安全得到保障，并且使职工在工作中产生安全感，无后顾之忧，全身心地投入企业生产建设。

企业安全保卫工作是一个长期、复杂的工作，是一个体系工程，它包含了很多方面，如思想政治工作、资产安全方面、安全生产方面、消防管理方面及职工人身安全等方面的内容，只有把这些可能危及企业正常生产运营的危险因素都逐一解决后，企业才能得到可持续发展。

任何企业都存在着安全保卫工作。安全保卫工作体现出企业管理水平的高低，企业的发展壮大，离不开自身的安全保卫工作。企业要进一步制定、完善、落实内部安全保卫制度和突发紧急事件处置预案，经常性地开展安全检查，对发现的安全隐患要及时进行整改，对重点要害部位要落实防盗、防火、防爆、防窃密等技术防范措施，确保安全，对单位内部因不稳定因素引发的安全问题要立即采取措施，防止引发其他事端。

三、企业安全保卫组织结构

企业应当设置与安全保卫任务相适应的安全保卫机构，设置安全保卫机构或配备专职、兼职安全保卫人员。配备专职治安保卫人员，并将治安保卫机构的设置和人员的配备情况报主管公安机关备案。

单位的主要负责人对本单位的内部安全保卫工作负责。

安全保卫工作领导委员会由企业或公司主要领导和重要部门领导组成。

安全保卫办公室设在安保部，安保部部长任办公室主任。

企业下设安保部，承担企业安全保卫工作的各项管理职能，其根据企业具体业务情况，设置细分岗位，如安保部长、安保经理、保卫队长、消防专员、防损员、内保员、巡查员、保安、门卫、监控员等。

企业单位安全保卫工作的主要任务如下：

（1）贯彻党和国家有关安全保卫工作的方针政策及法律法规。

（2）建立健全安全保卫工作制度并组织实施。

（3）组织开展安全防范教育和法制宣传教育，提高职工安全防范意识和法制意识。

（4）加强安全管理，落实安全防范措施，保护员工人身安全、财产安全和公共财产安全，维护单位的工作、生产、经营、教学和科研秩序。

（5）开展安全保卫检查整改隐患、排除不安定因素、组织协调配合有关部门处置生产安全事故。

（6）负责向上级主管部门报告本单位的安全保卫工作情况，提出加强和改进安全保卫工作的意见与建议。

企业安全保卫工作要坚持党的领导，贯彻预防为主、单位负责、突出重点、保障安全的方针。

单位制定的内部安全保卫制度应当包括下列内容：

（1）门卫、值班、巡查制度；

（2）工作、生产、经营、教学、科研等场所的安全管理制度；

（3）现金、票据、印鉴、有价证券等重要物品使用、保管、储存、运输的安全管理制度；

（4）单位内部的消防、交通安全管理制度；

（5）治安防范教育培训制度；

（6）单位内部发生治安案件、涉嫌刑事犯罪案件的报告制度；

（7）治安保卫工作检查、考核及奖惩制度；

（8）存放有爆炸性、易燃性、放射性、毒害性、传染性、腐蚀性等危险物品和传染性菌种、毒种及武器弹药的单位，还应当有相应的安全管理制度；

（9）其他有关的治安保卫制度。

单位制定的内部治安保卫制度不得与法律、法规、规章的规定相抵触。

单位内部治安保卫机构、治安保卫人员应当履行下列职责：

（1）开展治安防范宣传教育，并落实本单位的内部治安保卫制度和治安防范措施；

（2）根据需要，检查进入本单位人员的证件，登记出入的物品和车辆；

（3）在单位范围内进行治安防范巡逻和检查，建立巡逻、检查和治安隐患整改记录；

（4）维护单位内部的治安秩序，制止发生在本单位的违法行为，对难以制止的违法行为以及发生的治安案件、涉嫌刑事犯罪案件应当立即报警，并采取措施保护现场，配合公安机关的侦查、处置工作；

（5）督促落实单位内部治安防范设施的建设和维护。

单元二　人车通行管控（门卫管理）

一、人力防控

（一）人员进出企业凭证

（1）企业员工进出企业须凭本人身份凭证：

① 人脸识别；

② 指纹识别；

③ 员工一卡通卡；

④ 员工出入证；

⑤ 员工工牌；

⑥ 其他出入牌证。

（2）企业实习人员、临时工作人员进出企业凭临时出入证。

（3）相关方工作人员进出企业凭相关方工作证。该相关方工作证在该企业有备案，有活动区域限制，有有效时间限制；该证正面有钢印照片。

（4）其他外来人员进出企业须由企业接待人员引领至门卫处办理手续，并佩戴访客证。

（二）人员着装

（1）本企业员工：穿着本企业工装；有特殊要求岗位，需佩戴防护用品，如护目镜、口罩、防砸鞋、反光马甲等。

（2）企业实习人员、临时工作人员须穿着有统一标识的反光马甲。

（3）相关方工作人员须穿着其原企业的工装并配穿有相关方标识的反光马甲。

（4）其他外来人员穿着访客反光马甲。

二、内保人员巡查

内保人员日常巡查制度是安全保卫工作重要的一环。防盗是任何一个企业都不能放松的重要工作，巡查就是要随时监控企业财产的安全，及时发现企业财产管理中的漏洞，及时整改，以保证企业不受损失。另外，巡查还能及时发现一些消防、安全等多方面的隐患，避免重大事故的发生。

重点部位、重点岗位、重点物资（含现金）、重点设备设施的巡查是内保人员巡查的关键。

日常巡查须有详细巡查记录，并及时出具整改单。巡查发现的问题，第一时间报送主管领导，按领导安排，监督整改完成。

三、车辆管控

（一）乘用车辆

乘用车辆进出凭车辆牌照资质通行，整齐停放在停车场。车辆携物出门，须凭物资持出证；车辆携物进门并需带走的，需在进门时进行验货登记。

（二）货运车辆

（1）运送货物车辆，按该企业车辆到货规定，排队按序缓慢驶入；

（2）停靠在指定区域，车辆熄火，拉上手刹，驾驶员做好拆卸篷布等准备工作；

（3）车辆装卸时，严禁将车辆两侧门（或两侧仓栏）同时打开；

（4）平板车（或无栏板车）装卸时，严禁两侧有人员停留或走动；

（5）叉车装卸作业时，货运车辆司机应与叉车保持 1 m 以上的安全距离；

（6）司机严禁在装卸场所（库房）内走动，未经许可，严禁使用该装卸场所（库房）任何工具和器械；

（7）司机进入企业内严禁吸烟，严禁随意扔弃烟头、烟灰、茶渍及任何垃圾；

（8）车辆启动前，必须检查车上货物码放是否牢固，车门、槽帮是否锁死；

（9）企业内车辆限速 5 km/h；

（10）车辆出厂时，需停车接受门卫（保安）检查，如装有货物，须凭物资持出证（出门条）和出库单据（或物资明细）方能放行。

单元三 企业相关方管理

一、企业相关方的概念

相关方管理越来越被企业所重视。2015 版 ISO 9000 质量管理体系已将相关方管理放在了非常重要的管控位置，是审核中重点监控对象，是每次审核的必审项。

要想了解什么是相关方管理，就必须了解什么是相关方。随着我国社会主义市场经济的建立，当今的社会必然是一个多元化的经济社会，企业也不可能还停留在独立的小社会时代。因此，企业就必然会形成分工合作的形态；主机厂、供应商、服务商、经销商、各级客户等会建立各种产业联系。那么，相关方就应运而生了。

ISO 9001：2015 标准对相关方给出了极为宽泛的定义：相关方是指那些决定或行为能够对企业产生影响、能够被企业所影响或感觉能够被企业所影响的个人或组织，可能是所有者、雇员、供应商或顾客。应注意的是，标准所提到的相关方仅指与质量管理体系，即产品和服务质量相关的个人或组织。例如，银行对于一家生产企业来说可能是相关方，但其对该企业产品和服务质量所起到的作用微乎其微。相反，外部审核通常不被视为组织的相关方，然而，它很可能就是企业质量管理体系的相关方。

企业相关方：在组织工作场所内外，给己方提供产品或服务的个人或组织，凡是与己方的经营活动有关联的组织或个人都称为相关方。

因此，对给己方提供产品或服务的个人或组织，进行有效的管理，就是相关方管理。

二、企业相关方分类

要想对相关方进行有效管理，必须识别出自己的相关方。一般企业的主要相关方如下：

（1）物资供应商；

（2）业务、服务承包商；

（3）顾客；

（4）行政、业务监管部门及人员；

（5）外来访客；

（6）实习人员及临时工作人员；

（7）其他合作伙伴。

三、相关方全面管理

（一）对本企业内部的管理

（1）企业必须有专门部门对相关方进行管理，以属地原则为宜，责任到人，纳入绩效考核。

（2）要有明确的本企业对相关方管理的企业制度，该制度越细越好。

（3）要对相关方各管理人员进行管理培训，同时对业务较多的相关方人员进行培训。

（4）企业要不定期对相关方的管理进行监督检查。

（5）为相关方办理好建档、办证、着装的准备工作。

（6）企业员工与相关方人员接洽时，应保持良好的工作态度，礼貌用语，如该相关方工作人员对办理的业务流程不熟悉或对接人不清楚时，应详尽告知其正确流程或正确的对接人。

（7）任何相关方人员在企业办理业务时，企业对接员工都应对其身份进行核实，查验证件。如发现外来人员擅自进入生产及工作现场，要立即制止，并向部门领导及企业主管部门进行汇报。

（8）企业各相关部门及门卫工作人员不得以加强相关方管理为由，故意刁难外来送货人员及正常办理业务的相关方人员。

（二）对主要业务相关方的管理

以与本企业业务联系多、进出本企业频繁的相关方的人员管理为主。

（1）进行识别，对与本企业业务联系多、进出本企业频繁的相关方建档立卡。

（2）与其进行友好协商，签订《相关方安全协议》《相关方人员管理协议》；由该相关方缴纳少量安全保证金，到期其业务人员在企业内无安全事故，及时返还。

（3）将相关人员信息进行备案（《长期业务人员登记表》）并经安全培训考试合格后，发放相关方反光马甲，办理《长期证》；在本企业期间，将该相关方人员纳入本企业员工管理。

（4）办理了《长期证》的相关方人员进入企业时，必须正确穿着反光马甲、佩戴《长期证》，相关方工作人员只限于在本身业务范围内区域活动，严禁随意走动。

（5）如持有《长期证》相关方人员变动，相关方单位应以正式书面形式通报给企业主管部门，进行人员信息变更，新变更人员经培训合格后方可发放《长期证》及相关方反光马甲。

（6）持有《长期证》相关方工作人员应履行《相关方人员管理协议》内容、严格执行企业各项相关的管理规定，违者将按企业相关制度进行处罚，罚款从安全保证金中扣除。

（三）对其他相关方的管理

（1）来访相关方人员应服从接待人员的管理，严格遵守企业的规章制度，不可随意进入与其业务无关的区域，严禁独自在作业区域活动。

（2）来访相关方人员应根据规定办理相关手续，不得借用他人办理的相关方证件（《临时访客证》《长期证》等）进入企业工作区域，对于借用他人证件者，在各部门检查过程中一经发现，应对其证件没收，并将人员劝离现场，对违规借给他人使用证件的相关方进行严格考核。

（3）严禁外来人员在企业区域进行装卸、维修等作业，严禁动用任何设备设施，如确因业务需要，应由业务需求部门领导办理相关手续。

（4）严禁在企业内部拍照、摄像、吸烟，吸烟必须到指定吸烟点，违者按本企业规章制度处理。

（5）各相关方工作人员进入企业生产、办公区域应遵守《夏季安全生产八不准》，门卫工作人员检查发现违规者，不得放行。

《夏季安全生产八不准》如下：

① 不准在工作时间嬉戏打闹；

② 不准穿背心、赤膊进入生产区域；

③ 不准穿凉鞋、拖鞋、高跟鞋进入生产区域；

④ 不准带小孩进入车间；

⑤ 不准穿裙子、短裤进入车间；

⑥ 不准串岗；

⑦ 不准将自行车、摩托车停放在车间内；

⑧ 不准在车间内进行体育活动。

 知识链接

企业相关方管理意义重大，严重地关系到企业的生死存亡

陕西某全国先进的大型物流企业，就曾在成立初期，因为忽视相关方管理，吃过大亏。

该企业2006年成立伊始，就迎来了大量的业务，由于业务来势迅猛，在管理上有些应接不暇，加上相关方进入操作场所的业务量大，人员众多，该企业人身安全事故频发。2006年至2010年，每年大小安全事故都在20起左右，安全事故经济损失都在20万元以上；直至发生了一起相关方人员的工亡事故。

该企业领导痛定思痛，全员触动，认真反思。经过分析发现：几年来的安全事故大部分与相关方人员的管理不到位有关，有80%的安全事故与相关方有牵连，特别是人身安全事故。

2010年以后，该企业针对相关方管理进行了强化管理，每年召开相关方管理会议，认真走访相关方，制定详细的相关方管理制度，每年与相关方签订《相关方人员管理协议》，每月进行相关方管理检查，全员承担各自的相关方管理指标。

近几年来，该企业人身安全事故率下降明显，截至2018年，企业人身安全事故只有两起轻微伤，与相关方有关的人身安全事故为零；全年安全事故经济损失不到0.5万元。

该企业随着相关方管理的加强，整体管理水平也逐年提高，多次获得全国奖项，企业经营效益也逐年上台阶。

单元四　物资出厂管理（持出证制度）

一、物资出厂管理的概念

企业物资出厂管理，对任何企业来说，都是一项非常重要的管理工作。因此，所有企业都务必建立物资出厂管理制度，即物资持出证制度。

物资持出证制度：企业物资出厂必须有专门管理物资的部门审批并出具的出门证，且物资实物必须与出门证上的品名、数量、日期、持物人等相符，才能放行出厂。

二、《物资持出证》的管理

（1）企业的《物资持出证》须有专门部门管理，任何部门使用，需提出申请，企业领导批准后，方可使用。

（2）《物资持出证》一式两联，第一联存根备查，第二联持出交门卫。

（3）《物资持出证》批准人栏须在经办人全部填写清楚后，方可由企业各使用部门领导亲自签字批准（如量大等特殊情况，可授权），严禁在空白《物资持出证》上签字。

（4）企业内长期使用《物资持出证》部门，因业务需要申领《物资持出证》时，需持书面申请经主管领导审查后，填写《物资持出证》登记表，方可领取使用。

（5）已经使用完《物资持出证》需更换的，应携带用过的《物资持出证》存根（第一联），到企业的《物资持出证》专门管理部门处更换，管理人员须检查核对持出证无误后方可予以换取新证。使用部门领取《物资持出证》实行以旧换新、等数量交换原则。使用过程中《物资持出证》若有印刷等问题要及时向管理部门反馈。

（6）填写《物资持出证》要字迹清晰，一律使用黑色签字笔或蓝色圆珠笔填写。任何人不得私自在已开具的《物资持出证》上涂改、添加。

（7）《物资持出证》开出后，因故未能使用，应将开出的《物资持出证》在备注栏写明"作废"并一式两联保存完整装订在持出证对应的编码位置待查，存根（第一联）和持出联（第二联）内容必须完全相符，任何人不得私自撕毁《物资持出证》。

（8）《物资持出证》上填写的信息必须要与个人所持出的物资或车辆上装载的实物相符，《物资持出证》一车一证，物资品种多时必须附物资明细。

（9）在企业内从事临时作业的外单位持物资出门时，需由本企业业务联系人填写《物资持出证申请》，然后在相应负责部门开具《物资持出证》后方可出行。

（10）《物资持出证》须写明持证单位、日期（当日有效）、物品名称、数量、运往单位、车牌号、持物人、经办人及批准人。

三、《物资持出证》的监督检查

（1）企业门卫管理部门负责物资出门的核对放行，负责《物资持出证》第二联持出联的留存，并定期到《物资持出证》专门管理部门与《物资持出证》存根（第一联）逐一核对，发现问题，及时处理。

（2）企业《物资持出证》专门管理部门负责对物资出门的日常检查、巡查，以及对出现的问题的牵头处理。

（3）物资出厂管理纳入绩效的考核管理，直接体现在干部的绩效。

物资持出证检查记录表见表4-1。

表4-1 物资持出证检查记录表

检查时间	工段	票号	是否填写规范	承运类别	异常记录	备注

做一做

针对本模块开篇的案例场景，组织学生讨论该案例涉及的企业安全保卫工作的重要性；同时分析相关方、持出证的操作实务。

思 考

1. 什么是企业的安全保卫工作？

2. 什么是相关方？

3. 什么是持出证制度？

4. 安保和保安两者的区别是什么？

5. 企业员工进出企业的身份凭证有哪些？

6. 货运车辆进入企业须注意什么？

7. 一般企业的相关方都有哪些？

8. 企业夏季"八不准"是什么？

9. 为什么严禁领导在空白的《物资持出证》批准人栏签字？

10. 为什么事后要拿用过的《物资持出证》持出联（第二联）与存根（第一联）逐一核对？

职业健康及防护

知识结构图

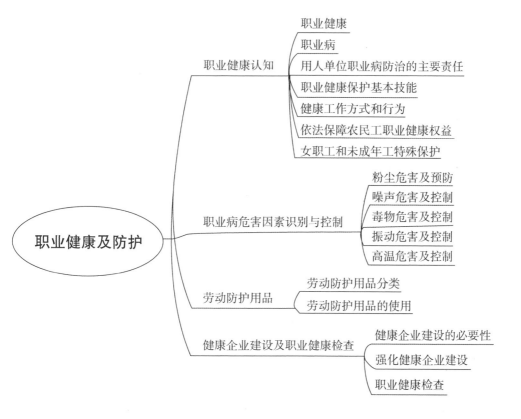

【学习目标】

  掌握控制职业危害、预防职业病的基本知识，熟悉职业危害因素，掌握劳动防护用品正确使用方法，理解安全生产与员工职业健康的关系，提高防护能力，增强自身健康的意识。

【案例导入】

关爱员工——华为可持续发展

华为高度重视员工的健康与安全管理，2020年华为从安全管理体系、生产安全、交付安全等领域大力开展安全管理实践，竭尽全力保障员工及合作伙伴等相关方的健康与安全。

健康与安全活动一览：

（1）安全管理体系：启动华为全球 ISO 45001 转版认证。

（2）制造：组织了 5 次安全月活动，包含机械安全、电气安全、消防安全、车辆运输安全、综合安全。

（3）研发实验室：开展研发实验室全员 EHS 基础培训，签署 EHS 承诺书，参与人数超过 3.3 万人。

（4）后勤行政：完成对 9 个主要园区 EHS 评估，覆盖 1 000 万 m²。

（5）交付：在 100 多个国家 1 167 个项目应用 AI check 技术，提升交付安全。

华为还建立了完善的员工健康安全保障体系，通过全面的员工保险和健康促进机制为全球每个角落的华为员工提供坚强后盾。员工保险包括社会保险、商业保险和公司医疗救助；健康促进主要有各类体检、健康中心及咨询服务、全球医疗应急响应和健康生活指导。2020 年，华为全球员工保障投入 118.9 亿元人民币（图 5-1）。

图 5-1　开展新冠病毒检测，保障员工健康和安全

在国内，为持续完善园区健康安全管理，华为建立了 17 个健康中心、30 个健康服务点，投放了 600 多套 AED/ 急救包。华为还培训了 10 000 多名员工和安保应急响应（ERT）成员，多方位构建健康工作环境；在海外，为提高一线健康安全管理能力，华为建立了 3 个区域安全中心，搭建了 7×24 小时华为就医服务平台，为外派员工提供贴心的医疗咨询与援助服务。华为还为一线推荐海外认证医疗资源 180 多家，服务满意度 99%。

（资料来源：huawei.com）

思 考

工作场所职业病危害因素，对职工生命健康会产生哪些影响？

人民安全是国家安全的基石。

坚持把人民生命安全和身体健康放在第一位。

——2020 年 6 月 2 日，习近平主持召开专家学者座谈会并发表重要讲话

单元一　职业健康认知

一、职业健康

我国是世界上劳动人口最多的国家，2018 年我国就业人口 7.76 亿人，多数劳动者的职业生涯超过其生命周期的 1/2。工作场所接触各类危害因素引发的职业健康问题依然严重，职业病防治形势严峻、复杂，新的职业健康危害因素不断出现，疾病和工作压力导致的生理、心理等问题已成为亟待应对的职业健康新挑战。

（一）职业健康概述

职业健康（Occupational Health）是对工作场所内产生或存在的职业性有害因素及其健康损害（主要表现为工作中因环境及接触有害因素引起人体生理机能的变化）进行识别、评估、预测和控制的一门科学。其目的是预防和保护劳动者免受职业性有害因素所致的健康影响和危险，使工作适应劳动者，促进和保障劳动者在职业活动中的身心健康和社会福利。

1950 年国际劳工组织和世界卫生组织的联合职业委员会定义职业健康：职业健康应以促进并维持各行业职工的生理、心理及社交处在最好状态为目的，并防止职工的健康受工作环境影响，保护职工不受健康危害因素伤害，并将职工安排在适合他们生理和心理的工作环境中。

职业健康素养是指劳动者获得职业健康基本知识，践行健康工作方式和生活方式，防范职业病和工作相关疾病发生风险，维护和促进自身健康的意识和能力。提升职业健康素养水平，对于保护劳动者全面健康，乃至维护全人群全生命周期的健康至关重要。

（二）依法促进职业健康

《安全生产法》《职业病防治法》《道路交通安全法》《生产安全事故应急条例》等一系列法律、法规，正是为了减少和预防各类安全事故，降低职业病发生应运而生的。现

代企业的管理提出以人为本的理念，关注员工的健康与安全正是以人为本的重要体现，同时对企业的安全生产管理提出更加严格的要求。

（三）实施职业健康安全体系的益处

（1）有助于推动职业安全健康法律、法规和制度的贯彻执行。在市场经济条件下，实施职业安全健康管理体系能够促使生产经营单位主动遵守国家各项职业安全健康法律、法规和制度，自觉承诺事故预防、保护员工安全健康与持续改进，有效降低员工可能遭受的风险，同时也可推动我国在职业安全健康领域的法制建设向更科学化、制度化的方向发展。

（2）生产经营单位的职业健康安全管理由被动行为变为主动行为，促进职业健康安全管理水平提高。职业健康管理体系工作的发展趋势将由政府主导转变为市场主导。

（3）有利于树立企业形象，提高竞争力，也有利于消除贸易壁垒。消除技术性贸易壁垒的影响，取得进入国际市场的通行证，还能够促进企业规范管理，提升形象，提高自身的综合竞争能力，由此带来更大的利益。

（4）通过职业安全健康管理体系的建立、实施和保持，可以有效地减少事故、伤亡、职业病和财产损失，提高企业的生产效率和经济效益。

（5）有利于提高全民的健康安全意识。建立职业健康安全管理体系，对本生产经营单位的员工进行系统的安全培训，使每个员工都参与生产经营单位的职业健康安全工作，将使全民的健康安全意识得到提高。

（6）员工自身也应认识到职业安全健康工作的重要性，自觉学习这方面的安全知识，正确对待职业安全健康工作，远离职业伤害。为了自身的健康，为了家人的幸福，每个员工都应从我做起，严格做好职业安全健康自我管理、自觉管理，真正做到"高高兴兴上班，平平安安回家"。

 知识链接

党中央、国务院高度重视人民健康工作。习近平总书记指出："健康是促进人的全面发展的必然要求，是经济社会发展的基础条件，是民族昌盛和国家富强的重要标志，也是广大人民群众的共同追求。"

党的十九大做出实施健康中国战略的重大决策部署，强调坚持预防为主，倡导健康文明的生活方式，预防控制重大疾病。加快推动从以治病为中心转变为以人民健康为中心，动员全社会落实预防为主方针，实施健康中国行动，提高全民健康水平。党的十八届五中全会做出"推进健康中国建设"的战略决策。国务院医改领导小组组织开展了《"健康中国2030"规划纲要》编制工作。

国务院印发了《国务院关于实施健康中国行动的意见》（国发〔2019〕13号，

2019 年 07 月 15 日）部署开展"健康中国行动"之实施职业健康保护行动。主要措施：更加明确劳动者依法享有职业健康保护的权利。针对不同职业人群，倡导健康工作方式，落实用人单位主体责任和政府监管责任，预防和控制职业病危害。完善职业病防治法规标准体系。鼓励用人单位开展职工健康管理。加强尘肺病等职业病救治保障。主要目标：到 2022 年和 2030 年，接尘工龄不足 5 年的劳动者新发尘肺病报告例数占年度报告总例数的比例实现明显下降，并持续下降。

二、职业病

《中华人民共和国职业病防治法》（以下简称《职业病防治法》）是保护劳动者健康及其相关权益的基本法律。

1. 职业病定义

《职业病防治法》中所称职业病，是指企业、事业单位和个体经济组织等用人单位的劳动者在职业活动中，因接触粉尘、放射性物质和其他有毒、有害因素而引起的疾病。

2021 年 12 月 7 日，国家卫生健康委等 17 个部门联合印发了《国家职业病防治规划（2021—2025 年）》（以下简称《规划》）。《规划》提出了"十四五"时期职业病防治工作的总目标：到 2025 年，职业健康治理体系更加完善，职业病危害状况明显好转，工作场所劳动条件显著改善，劳动用工和劳动工时的管理进一步规范，尘肺病等重点职业病得到有效控制，职业健康服务能力和保障水平不断提升，全社会职业健康意识显著增强，劳动者的健康水平进一步提高。职业健康关系亿万劳动者及其家庭的幸福安康，"十四五"职业病防治规划以保障劳动者职业健康为出发点和落脚点。《规划》突出了两个方面的重点，既要做好传统职业病的防控，又要兼顾新型职业病的预防。

职业病是可以预防的疾病，通过采取有效的控制措施可以预防职业病的发生。职业病防治的工作重点：一是防尘，预防尘肺病；二是防毒，防治职业中毒，避免接触一些有毒有害物质所造成的职业性疾病；三是防噪，防治噪声所导致的失聪、听力的损害；四是防辐射，控制和减少辐射造成的伤害。

2. 职业病的特点

（1）病因明确，病因即职业性有害因素，在控制病因或作用条件后，可消除或减少发病；

（2）所接触的病因大多是可检测的，需达到一定的强度（浓度或剂量）才能致病，一般存在接触水平（剂量）- 效应（反应）关系；

（3）在接触同一因素的人群中常有一定的发病率，很少只出现个别病人；

（4）大多数职业病如能早期诊断、处理，康复效果较好，但有些职业病（如尘肺），目前尚无特效疗法，只能对症综合处理，故发现越晚，疗效越差；

（5）除职业性传染病外，治疗个体无助于控制人群发病。

3. 职业禁忌

职业禁忌是指劳动者从事特定职业或接触特定职业病危害因素时，比一般职业人群更易于遭受职业病危害和罹患职业病或可能导致原有自身疾病病情加重，或在从事作业过程中诱发可能导致对他人生命健康构成危险的疾病的个人特殊生理或病理状态。

4. 职业病危害

职业病危害是指对从事职业活动的劳动者可能导致职业病的各种危害。

职业病危害因素包括职业活动中存在的各种有害的化学、物理、生物因素及在作业过程中产生的其他职业有害因素。

5. 职业病危害因素种类

2015 年 11 月 17 日，原国家卫生计生委公布了与人力资源社会保障部、安全监管总局和全国总工会共同印发的《职业病危害因素分类目录》，规定了 6 大类 459 种职业病危害因素，分别如下：

（1）粉尘因素，如矽尘、煤尘、石墨尘、炭黑尘、石棉尘、滑石尘、水泥尘等。

（2）化学因素，如铅及其化合物（不包括四乙基铅）、汞及其化合物、锰及其化合物、砷化氢、氯气、二氧化硫、氨、一氧化碳、二硫化碳等。

（3）物理因素，如噪声、高温、振动、激光、低温、微波、工频电磁场等。

（4）放射性因素，如密封放射源产生的电离辐射、X 射线装置（含 CT 机）产生的电离辐射、铀及其化合物等。

（5）生物因素，如艾滋病病毒（限于医疗卫生人员及人民警察）、布鲁氏菌、森林脑炎病毒、炭疽芽孢杆菌等。

（6）其他因素，如金属烟、井下不良作业条件等。

6. 我国法定职业病的分类

职业病的分类和目录由国务院卫生行政部门会同国务院劳动保障行政部门制定、调整并公布，2013 年 12 月 23 日，根据《职业病防治法》的有关规定，原国家卫生计生委、安全监管总局、人力资源社会保障部和全国总工会联合印发了《职业病分类和目录》。现行的《职业病分类和目录》（国卫疾控发〔2013〕48 号）是 2013 年调整修订的，包括 10 大类 132 种职业病，这 10 大类职业病分别是职业性尘肺病及其他呼吸系统疾病、职业性皮肤病、职业性眼病、职业性耳鼻喉口腔疾病、职业性化学中毒、物理因素所致职业病、职业性放射性疾病、职业性传染病、职业性肿瘤和其他职业病。

三、用人单位职业病防治的主要责任

（1）应当保障职业病防治所需的资金投入，保证工作场所职业病危害因素的强度或浓度符合国家职业卫生标准。

（2）新建、改建、扩建的工程建设项目和技术改造、技术引进项目可能产生职业病危害的，建设单位在可行性论证阶段应当进行职业病危害预评价。

（3）用人单位工作场所存在职业病目录所列职业病的危害因素的，应当及时、如实向所在地卫生行政部门申报职业病危害项目。

（4）对工作场所采取以下职业卫生管理措施：

① 应当在醒目位置设置公告栏，公布有关职业病防治的规章制度、操作规程、职业病危害、事故应急救援措施和工作场所职业病危害因素检测结果。对产生严重职业病危害的作业岗位，应当在其醒目位置，设置警示标识和中文警示说明。

② 应当为劳动者提供符合国家职业卫生标准的职业病防护用品，并督促、指导劳动者按照使用规则正确佩戴、使用。

③ 应当实施由专人负责的日常监测，确保监测系统处于正常工作状态，定期对工作场所进行职业病危害因素检测、评价。检测、评价结果存档，并向所在地卫生行政部门报告并向劳动者公布。

（5）对从事接触职业病危害的作业的劳动者，应当按照规定组织上岗前、在岗期间和离岗时的职业健康检查，并将检查结果书面告知劳动者。职业健康检查费用由用人单位承担。

用人单位应当为劳动者建立职业健康监护档案，并按照规定的期限妥善保存。劳动者离开用人单位时，有权索取本人职业健康监护档案复印件，用人单位应当如实、无偿提供，并在所提供的复印件上签章。

（6）职业卫生培训的要求。

① 主要负责人和职业卫生管理人员应当接受职业卫生培训。

② 应当对劳动者进行上岗前和在岗期间的定期职业卫生培训。

四、职业健康保护基本技能

（1）知道获取职业健康信息和服务的途径。

（2）知道本岗位职业病防治规章制度和操作规程。

（3）理解本岗位职业病危害警示标识和说明。

（4）理解本岗位有关的职业病危害因素检测结果和建议。

（5）遇到急性职业伤害时，能够正确自救、互救并及时报告。

（6）需要紧急医疗救助时，能拨打 120 或合作医疗机构联系电话。

（7）体表被放射性核素污染时，能够立即实施去污洗消；当放射性核素进入体内时，能够尽快寻医进行阻吸收和促排。

（8）出现心理问题，懂得向心理健康热线或医疗机构寻求专业帮助。

（9）发生工作场所暴力或骚扰时，能主动报告或报警。

五、健康工作方式和行为

（1）遵守与职业健康相关的法律法规、规章制度和操作规程。

（2）积极参与用人单位的职业健康民主管理，对职业病防治工作提出意见和建议。

（3）积极参加职业健康教育与培训，主动学习和掌握职业健康知识和防护技能。

（4）正确使用和维护职业病防护设备并能判断其运行状态。

（5）正确选用和规范佩戴个体防护用品。

（6）正确识别有机溶剂有毒成分。

（7）正确使用工作场所冲洗和喷淋设备。

（8）进入受限空间作业要做到"一通风、二检测、三监护"。

（9）发现职业病危害事故隐患应当及时报告。

（10）从事接触职业病危害作业应积极参加上岗前、在岗期间和离岗时的职业健康检查，关注检查结论，并遵循医学建议，需要复查的要及时复查。

（11）发现所患疾病可能与工作有关，应及时到职业病防治专业机构进行咨询、诊断、治疗和康复。

（12）避免长时间连续工作或不良姿势作业，合理安排工间休息和锻炼。

（13）了解身心健康状况，懂得自我健康管理。

（14）积极学习心理健康知识，增强维护心理健康的能力。

（15）用科学的方法缓解压力，不逃避，不消极。

（16）理解和关怀精神心理疾病患者，不歧视、不排斥。

（17）掌握新冠肺炎和其他传染病防治相关知识与技能，养成良好卫生习惯，加强自我防护意识。

六、依法保障农民工职业健康权益

改革开放以来，随着我国城乡经济的快速发展，很多农民选择进城务工来增加家庭收入。从某种程度来说，现在城市经济能够迎来如此迅猛的发展，与农民工的贡献密不可分。在一些行业里，农民工已经成为主力军。

人力资源和社会保障部发布的《2021年度人力资源和社会保障事业发展统计公报》（以下简称《公报》）显示，2021年全国农民工总量29 251万人，其中，本地农民工12 079万人；外出农民工17 172万人；全年共培训农民工1 174.2万人次。从长期趋势来看，农民务工群体还会持续加大，需要加大力度保障农民工的相关权益。

1. 农民工职业健康存在的问题

农民工职业健康存在的问题主要包括劳动用工制度不健全，农民工缺乏有效劳动合同的保护；执法不到位及监管不力；企业职业病防治主体责任意识淡漠；职业病防治技术能力有待进一步加强；农民工对相关法律了解不够，不了解自身职业健康监护权益等。

2.《职业病防治法》规定农民工享有的权益

（1）知情权：根据《职业病防治法》的规定，产生职业病危害的用人单位，应当在醒目位置设置公告栏，公布有关职业病防治的规章制度、操作规程、职业病危害事故应急救援措施和工作场所职业病危害因素检测结果。

（2）培训权：用人单位应当对劳动者进行上岗前的职业卫生培训和在岗期间的定期职业卫生培训，普及职业卫生知识，督促劳动者遵守职业病防治法律、法规、规章和操作规程，指导劳动者正确使用职业病防护设备和个人使用的职业病防护用品。

（3）拒绝冒险权：根据《职业病防治法》的规定，劳动者有权拒绝在没有职业病防护措施下从事职业危害作业，有权拒绝违章指挥和强令的冒险作业。

（4）检举、控告权：《职业病防治法》在总则中就明确规定，"任何单位和个人有权对违反本法的行为进行检举和控告。"对违反职业病防治法律、法规，以及危及生命健康的行为提出批评、检举和控告，是《职业病防治法》赋予劳动者一项职业卫生保护权利。

（5）特殊保障权：未成年人、女职工、有职业禁忌的劳动者，在职业病防治法中享有特殊的职业卫生保护的权利。根据《职业病防治法》规定，产生职业病危害的用人单位在工作场所应有配套的更衣间、洗浴间、孕妇休息间等卫生设施。国家对从事放射、高毒等作业实行特殊管理。

（6）参与决策权：参与用人单位职业卫生工作的民主管理，对职业病防治工作提出意见和建议，是《职业病防治法》规定劳动者所享有的一项职业卫生保护权利。劳动者参与用人单位职业卫生工作的民主管理，是由职业病防治工作的特点所决定的，也是确保劳动者权益的有效措施。

（7）职业健康权：对于从事接触职业病危害的作业的劳动者，用人单位除应组织职业健康检查外，《职业病防治法》还规定了用人单位应为劳动者建立职业健康监护档案，并按照规定的期限妥善保存。当劳动者被疑患有职业病时，用人单位应及时安排对病人进行诊断，在病人诊断或者医学观察期间，不得解除或者终止与其订立的劳动合同。根据《职业病防治法》这个法律的规定，职业病病人依法享受国家规定的职业病待遇。

（8）损害赔偿权：用人单位应当建立、健全职业病防治责任制，加强对职业病防治的管理，提高职业病防治水平，职业病病人除依法享有工伤社会保险外，依照有关民事法律，尚有获得赔偿权利的，有权向用人单位提出赔偿要求。

七、女职工和未成年工特殊保护

我国历来重视对女职工和未成年工特殊保护。由于女职工和未成年工具有特殊的生理、心理状况，为维护她（他）们的合法权益，我国法律规定了对女职工和未成年工进行特殊的保护。《中华人民共和国劳动法》《中华人民共和国就业促进法》《中华人民共和国妇女权益保障法》《女职工劳动保护特别规定》《未成年工特殊保护规定》《"健康中国2030"规划纲要》《健康中国行动（2019—2030年）》和《国民营养计划（2017—2030年）》《母乳喂养促进行动计划（2021—2025年）》等一系列法规和文件，保护女职工和未成年工的劳动权利，保护女职工和未成年工在生产劳动中的安全与健康，防止职业有害因素对女职工和未成年工健康的不良影响。

（一）女职工禁忌从事的劳动范围

（1）矿山井下作业；

（2）体力劳动强度分级标准中规定的第四级体力劳动强度的作业；

（3）每小时负重6次以上、每次负重超过20 kg的作业，或者间断负重、每次负重超过25 kg的作业。

（二）女职工在经期禁忌从事的劳动范围

禁止用人单位安排女职工在经期从事高处、低温、冷水作业和国家规定的第三级体力劳动强度的劳动。

（1）冷水作业分级标准中规定的第二级、第三级、第四级冷水作业。

（2）低温作业分级标准中规定的第二级、第三级、第四级低温作业。

（3）体力劳动强度分级标准中规定的第三级、第四级体力劳动强度的作业。

（4）高处作业分级标准中规定的第三级、第四级高处作业。

（三）女职工在孕期禁忌从事的劳动范围

（1）作业场所空气中铅及其化合物、汞及其化合物、苯、镉、铍、砷、氰化物、氮氧化物、一氧化碳、二硫化碳、氯、己内酰胺、氯丁二烯、氯乙烯、环氧乙烷、苯胺、甲醛等有毒物质浓度超过国家职业卫生标准的作业；

（2）从事抗癌药物、己烯雌酚生产，接触麻醉剂气体等的作业；

（3）非密封源放射性物质的操作，核事故与放射事故的应急处置；

（4）高处作业分级标准中规定的高处作业；

（5）冷水作业分级标准中规定的冷水作业；

（6）低温作业分级标准中规定的低温作业；

（7）高温作业分级标准中规定的第三级、第四级的作业；

（8）噪声作业分级标准中规定的第三级、第四级的作业；

（9）体力劳动强度分级标准中规定的第三级、第四级体力劳动强度的作业；

（10）在密闭空间、高压室作业或者潜水作业，伴有强烈振动的作业，或者需要频繁弯腰、攀高、下蹲的作业。

（四）女职工在哺乳期禁忌从事的劳动范围

（1）孕期禁忌从事的劳动范围的第（1）项、第（3）项、第（9）项；

（2）作业场所空气中锰、氟、溴、甲醇、有机磷化合物、有机氯化合物等有毒物质浓度超过国家职业卫生标准的作业。

（五）女职工特别待遇

（1）用人单位不得因女职工怀孕、生育、哺乳降低其工资、予以辞退、与其解除劳动或聘用合同。

（2）女职工在孕期不能适应原劳动的，用人单位应当予以减轻劳动量或安排其他能够适应的劳动。

（3）对怀孕 7 个月以上的女职工，用人单位不得延长劳动时间或安排夜班劳动，并应当在劳动时间内安排一定的休息时间。

（4）怀孕女职工在劳动时间内进行产前检查，所需时间计入劳动时间。

（5）女职工生育享受产假。

（6）女职工产假期间的生育津贴和医疗费用，对已经参加生育保险的，按照用人单位上年度职工月平均工资的标准由生育保险基金支付；对未参加生育保险的，按照女职工产假前工资的标准由用人单位支付。

（7）对哺乳未满 1 周岁婴儿的女职工，用人单位不得延长劳动时间或者安排夜班劳动。

（8）用人单位应当在每天的劳动时间内为哺乳期女职工安排 1 小时哺乳时间；女职工生育多胞胎的，每多哺乳 1 个婴儿每天增加 1 小时哺乳时间。

（六）未成年工特殊保护

未成年工的特殊保护是针对未成年工处于生长发育期的特点，以及接受义务教育的需要，采取的特殊劳动保护措施。

《中华人民共和国劳动法》（以下简称《劳动法》）规定：国家对未成年工实行特殊劳动保护。未成年工是指年满 16 周岁未满 18 周岁的劳动者。

未成年工的身体发育尚未完全定型，正在向成熟期过渡。在安排未成年工的劳动时要注意他们的生理特点，过重的体力劳动、不良的工作体位、过度紧张的劳动、不适合的工具等都会对未成年工的正常发育产生不良影响。为了保护未成年工的正常发育和安全健康，除改善一般的劳动条件外，需要在工作时间、工作场所等方面给予特殊保护。

我国法律对未成年工的保护如下。

1. 就业年龄的限制

对未成年工年龄的限制。《劳动法》规定，禁止用人单位招用未满 16 周岁的未成年人。文艺、体育和特种工艺单位招用未满 16 周岁的未成年人，必须遵守国家有关规定，并保障其接受义务教育的权利。

2. 禁止未成年工从事有害健康的工作

身体发育还未成熟的未成年工，不能适应特别繁重及危险的工作、他们对有毒有害作业的抵抗力也较弱。《劳动法》规定，不得安排未成年工从事矿山井下、有毒有害、国家规定的第四级体力劳动强度的劳动和其他禁忌从事的劳动。

3. 工作时间的限制

对未成年工实行工作时间的保护。为了保障未成年工的正常发育和继续组织他们完成文化技术学习任务，一般对未成年工实行缩短工作日制度，并且不得安排未成年工从事加班加点和夜班工作，保证他们的身心能够健康成长。

4. 对未成年工进行健康检查

为保障未成年工的身体健康。《劳动法》规定，用人单位应当对未成年工定期进行健康检查。

对未成年工进行定期的健康检查是用人单位的一项法定义务，用人单位不得以任何借口加以取消。

 知识链接

新就业形态劳动者职业健康保护

随着我国平台经济的快速发展，新产业、新业态、新模式加速成长，创造了大量就业机会，依托互联网平台就业的网约配送员、网约车驾驶员、网约货车司机、互联网营销师等新就业形态劳动者数量大幅增加，就业人员已经达到2亿人左右。

企业应保障新就业形态劳动者劳动安全权。包括落实劳动安全生产责任；建立安全生产规章制度和操作规程；严格遵守安全卫生保护标准；为劳动者提供必要的劳动防护用品；及时检查劳动工具的安全和合规状态；加强对劳动者的劳动安全教育，减少生产安全事故和职业病危害；采用"算法取中"并结合人工校验，以网约配送员为例，不得滥用技术手段设置不公平、不合理的劳动规则，算法设计的工作引导路线等应符合道路交通等有关法律、法规规定，以及遭遇恶劣天气、特殊事由（如临时交通管制、小区限入），采取延长配送服务时间、限制接单等人工校验措施；不得以追求配送效率而牺牲交通安全的"最严算法"作为考核标准等。完善平台订单分派机制，优化配送路线，合理确定订单饱和度，降低劳动强度。加强交通安全教育培训，引导督促外卖送餐员严格遵守交通法规。

保障劳动者休息权。包括科学确定劳动者劳动定额和劳动强度；合理安排工作任务和工作时长；与劳动者协商确定日最长在线时长或日最长工作时长、工间休息安排等；夜间或法定节假日提供劳动的，支付高于正常收入标准的工作补贴；因特殊情况或紧急任务确需临时延长工作时间的，按国家规定执行等。

单元二　职业病危害因素识别与控制

职业病危害因素已成为影响我国成年人健康的重要因素。据估算，我国接触职业病危害因素的人群约 2 亿。随着我国经济转型升级，新技术、新材料、新工艺的广泛应用和新业态的产生，新的职业危害因素不断出现，与工作相关的肌肉骨骼系统疾病和心理健康等职业健康问题已成为亟待应对的职业健康新挑战。

职业危害因素（Occupational Hazards）是指生产工作过程及其环境中产生和（或）存在的，对职业人群的健康、安全和作业能力可能造成不良影响的一切要素或条件的总称。《职业病防治法》规定，职业病防治工作坚持预防为主、防治结合的方针，建立用人单位负责、行政机关监管、行业自律、职工参与和社会监督的机制，实行分类管理、综合治理。

《职业病防治法》明确规定，产生职业病危害的用人单位的设立除应当符合法律、行政法规规定的设立条件外，其工作场所还应当符合下列职业卫生要求：

（1）职业病危害因素的强度或浓度符合国家职业卫生标准；

（2）有与职业病危害防护相适应的设施；

（3）生产布局合理，符合有害与无害作业分开的原则；

（4）有配套的更衣间、洗浴间、孕妇休息间等卫生设施；

（5）设备、工具、用具等设施符合保护劳动者生理、心理健康的要求；

（6）法律、行政法规和国务院卫生行政部门关于保护劳动者健康的其他要求。

在实际的生产场所中，这些有害因素常不是单一存在的，往往同时存在着多种有害因素，这对劳动者的健康将产生联合的、危害更大的影响，如噪声、粉尘、毒物、振动及高温等。

一、粉尘危害及预防

（一）生产性粉尘

有些企业在进行原料破碎、过筛、搅拌装置的过程中，常常会散发出大量微小颗粒，在空气中浮悬很久而不落下来，这就是生产性粉尘。

（二）粉尘对人体健康的影响

长期大量吸入粉尘，使肺组织发生弥漫性、进行性纤维组织增生，引起尘肺病，导致呼吸功能严重受损而使劳动能力下降或丧失。有些粉尘具有致癌性，如石棉是世界公认的致癌物质，石棉尘可引起间皮细胞瘤，可使肺癌的发病率明显增高。铅、砷、锰等有毒粉尘，能在支气管和肺泡壁上被溶解吸收，引起铅、砷、锰等中毒。另外，粉尘还会堵塞皮脂腺使皮肤干燥，可引起痤疮、毛囊炎、脓皮病等；粉尘对角膜的刺激及损伤可导致角膜的感觉丧失、角膜浑浊等改变；粉尘刺激呼吸道黏膜，可引起鼻炎、咽炎、喉炎。

（三）尘肺病

尘肺病是由于在生产活动中长期吸入生产性粉尘引起的以肺组织弥漫性纤维化为主的全身性疾病。尘肺病隐匿性比较强，早期没有明显症状，随着病情的发展，会出现气喘、气短、胸闷、胸痛、咳嗽、咳痰、不能平卧等症状，最典型的症状是呼吸困难。

（四）尘肺病的预防

尘肺病预防的关键在于最大限度地防止有害粉尘的吸入。

1. 技术措施

（1）改革工艺过程、革新生产设备：是消除粉尘危害的主要途径，如遥控操纵、计算机控制、隔室监控等避免接触粉尘。

（2）湿式作业：如采用湿式碾磨石英或耐火材料、矿山湿式凿岩、井下运输喷雾洒水、煤层高压注水等，可在很大程度上防止粉尘飞扬，降低环境粉尘浓度。

（3）密闭、抽风、除尘：对不能采取湿式作业的场所，应采用密闭抽风除尘办法。如采用密闭尘源与局部抽风相结合，防止粉尘外逸。

2. 卫生保健措施

（1）接尘工人健康监护：包括上岗前体检、岗中的定期健康检查和离岗时体检，对于接尘工龄较长的工人还要按规定做离岗后的随访检查。

（2）个人防护和个人卫生：佩戴防尘护具，如防尘安全帽、防尘口罩、送风头盔、送风口罩等，讲究个人卫生，勤换工作服，勤洗澡。

二、噪声危害及控制

（一）噪声

噪声是指不同频率和不同强度、无规律地组合在一起的声音，有嘈杂刺耳的感觉，对人们生活和工作有害。噪声不仅会影响听力，而且还对人的心血管系统、神经系统、内分泌系统产生不利影响，所以，有人称噪声为"致人死命的慢性毒药"。

（二）噪声危害控制

控制和消除噪声源是防止噪声危害的根本措施，采用无声或低声设备代替高噪声的设备，提高机器的精密度，减少机器部件的撞击、摩擦和振动，在进行厂房设计时，应合理地配置声源，远置噪声源如风机、电动机等。

1. 控制噪声的传播

（1）吸声：采用吸声材料装饰车间内表面，吸收声能。

（2）消声：使用阻止声音传播而允许气流通过的消声器降低空气动力噪声。

（3）隔声：可以利用一定的材料和装置，把声源封闭。

（4）隔振：在机械基础和连接处设减振装置，如胶垫、沥青。

2. 加强个人防护

对于不能进行噪声控制，需要在高噪声条件下工作，佩戴听觉器官防护用品是防止噪声危害的有效措施。听觉器官防护用品是能够防止噪声侵入外耳道，减少听力损伤的个体防护用品。其主要有耳塞、耳罩和防噪声头盔三大类，耳塞是最常用的一种，隔声效果可达 30 dB 左右。耳罩、防噪头盔的隔声效果优于耳塞，但使用时不够方便，成本也较高，有待改进（图 5-2）。

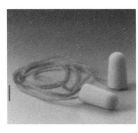

图 5-2　耳塞、耳罩和防噪声头盔

当接触噪声的劳动者暴露于 80 dB ≤ LEX、8 h ＜ 85 dB 的工作场所时，应根据劳动者需求为其配备适用的护听器；当接触噪声的劳动者暴露于 LEX，8 h ≥ 85 dB 的工作场所时，用人单位应为劳动者配备适用的护听器，并指导其正确佩戴和使用。劳动者暴露于 LEX，8 h 为 85~95 dB 的工作场所时，应选用护听器 SNR 为 17~34 dB 的耳塞或耳罩；劳动者暴露于 LEX，8 h ≥ 95 dB 的工作场所时，应选用护听器 SNR ≥ 34 dB 的耳塞、耳罩或者同时佩戴耳塞和耳罩，耳塞和耳罩组合使用时的声衰减值，可按两者中较高的声衰减值增加 5 dB 估算。

3. 定期检查及时采取措施

对接触噪声的工人应定期进行健康检查，特别是听力检查，观察听力变化情况，以便早期发现听力损伤，及时采取适当保护措施。对参加噪声作业的工人应进行就业前体检，凡有听觉器官、心血管及神经系统疾患者，不宜参加有噪声的作业。对有噪声的作业工人要合理安排休息时间，如实行工间休息，经常监督检查预防措施的执行情况及效果。

三、毒物危害及控制

（一）毒物

毒物是指那些以较少的量进入人体后，与人体发生化学反应，影响人体正常的生理功能，导致机体发生病理变化的物质。

工业毒物又称生产性毒物，是指那些在工业生产中使用或产生的各种有毒物质。它可以是原料、辅助材料、半成品、产品，也可以是副产品，或废弃物、夹杂物，或其中含有有毒成分的物质。工业毒物常以气体、蒸汽、烟雾、粉尘等形式存在于生产环境中，污染空气，对人体产生危害。

（二）毒物危害控制

（1）采用新技术以改进落后生产工艺，以无毒、低毒原料代替有毒、高毒原料。

（2）密闭化生产，消除毒物的逸散的条件。采用先进的技术和工艺，尽可能采取遥控和程序控制，最大限度地减少操作者接触毒物的机会。

（3）通风净化。降低毒物的浓度，采用局部通风排毒系统，将毒物排除。加强技术革新和通风排毒措施，将环境空气中的浓度控制在最高容许浓度以下。

（4）个人防护措施。个人防护是预防职业中毒的重要辅助措施。个人防护用品包括呼吸防护器、防护帽、防护眼镜、防护面罩、防护服、防护手套和皮肤防护用品。

四、振动危害及控制

（一）振动

振动在生产过程中非常普遍，如铆钉机、凿岩机、风铲等风动工具；电钻、电锯、砂轮机、抛光机、研磨机等电动工具；内燃机车、船舶、摩托车等运输工具；拖拉机、收割机、脱粒机等农业机械。

振动可使员工作业能力下降，影响听力和手眼动作配合的准确度，影响注意力集中，容易疲劳，导致工作效率降低；局部振动对机体的影响是全身性的，可引起神经系统、心血管系统、骨骼－肌肉系统、听觉器官、免疫系统和内分泌系统等多方面改变。

（二）振动危害控制

（1）改革工艺设备和方法，以达到减震的目的，从生产工艺上控制或消除振动源是振动控制的最根本措施；

（2）采取自动化、半自动化控制装置，减少接触振动；

（3）改进振动设备与工具，降低振动强度，或减少手持振动工具的重量，以减轻肌肉负荷和静力紧张等；

（4）改革风动工具，改变排风口方向，工具固定；

（5）改革工作制度，专人专机，及时保养和维修；

（6）在地板及设备地基采取隔振措施；

（7）合理发放个人防护用品，如防振保暖手套等；

（8）控制车间及作业地点温度，保持在 16 ℃以上；

（9）建立合理劳动制度，坚持工间休息及定期轮换工作制度，以利于各器官系统功能的恢复；

（10）加强技术训练，减少作业中的静力作业成分；

（11）保健措施：坚持就业前体检，凡患有就业禁忌证者，不能从事该作业；定期对工作人员进行体检，尽早发现受震动损伤的作业人员，采取适当预防措施及时治疗振动病患者。

五、高温危害及控制

（一）高温

高温指最高气温超过 35 ℃的天气现象，连续高温酷暑造成人体不适，影响生理、心理健康，甚至引发疾病或死亡。高温作业是指在高气温或高温高湿或强热辐射条件下进行的作业，通常分为热辐射作业，高温、高湿作业及夏季露天作业。

由于高温作业对人体许多生理功能都有影响，严重时导致中暑，甚至危及生命，因此，应该采取积极的措施，保护高温作业工人的身体健康。

（二）高温危害控制

（1）合理设计工艺流程。合理设计工艺流程，改进生产设备和操作方法是改善高温作业劳动条件的根本措施。

（2）隔热。隔热是防止热辐射的重要措施，尤其以水的隔热效果最好，水的比热大，能最大限度地吸收辐射。

（3）通风降温。

① 自然通风：通过门窗和缝隙进行自然通风换气，但对于高温车间仅靠这种方式是远远不够的。

② 机械通风：采用局部或全面机械通风或强制送入冷风来降低作业环境温度；在高温作业厂房，修建隔离操作室，向室内送冷风或安装空调。

（4）个人防护。高温作业工人的工作服，应以耐热、导热系数小而透气性能好的织物制成，按照不同工种需要，还应当配发工作帽、防护眼镜、面罩、手套、鞋盖、护腿等个人防护用品。

（5）加强医疗预防工作。对高温作业工人应该进行就业前和入暑前体格检查，凡有心血管系统器质性疾病、血管舒缩调节机能不全、持久性高血压、溃疡病、活动性肺结核、肺气肿、肝肾疾病，明显内分泌疾病（如甲状腺功能亢进）、中枢神经系统器质性疾病、过敏性皮肤疤痕患者、重病后恢复期及体弱者，均不宜从事高温作业。

 知识链接

安全标志

根据《安全标志及其使用导则》（GB 2894—2008），安全标志分为禁止标志、警告标志、指令标志、提示标志。

（1）禁止标志是禁止人们不安全行为的图形标志（图5-3）。

（2）警告标志是提醒人们对周围环境引起注意，以避免可能发生危险的图形标志（图5-4）。

（3）指令标志是强制人们必须做出某种动作或采用防范措施的图形标志（图5-5）。

（4）提示标志是向人们提供某种信息（如标明安全设施或场所等）的图形标志（图5-6）。

图 5-3　禁止标志　　图 5-4　警告标志　　图 5-5　指令标志　　图 5-6　提示标志

单元三 劳动防护用品

根据新《安全生产法》《职业病防治法》等法律、行政法规和规章，2018 年 1 月 15 日国家安全监管总局办公厅修改并下发了《用人单位劳动防护用品管理规范》（2018 修改）（安监总厅安健〔2018〕3 号，以下简称《规范》），目的在于规范用人单位劳动防护用品的使用和管理，保障劳动者安全健康及相关权益。《规范》所称的劳动防护用品，是指由用人单位为劳动者配备的，使其在劳动过程中免遭或者减轻事故伤害及职业病危害的个体防护装备。

《规范》中第四条指出：劳动防护用品是由用人单位提供的，保障劳动者安全与健康的辅助性、预防性措施，不得以劳动防护用品替代工程防护设施和其他技术、管理措施。

《规范》明确要求，用人单位应当为劳动者提供符合国家标准或者行业标准的劳动防护用品。使用进口的劳动防护用品，其防护性能不得低于我国相关标准。

《规范》明确规定，劳动者在作业过程中，应当按照规章制度和劳动防护用品使用规则，正确佩戴和使用劳动防护用品。

《规范》第九条对用人单位使用的劳务派遣工、接纳的实习学生劳动防护用品也提出了要求。这两类人员的劳动防护用品应当纳入本单位人员统一管理，并配备相应的劳动防护用品。

一、劳动防护用品分类

（1）防御物理、化学和生物危险、有害因素对头部伤害的头部防护用品。

（2）防御缺氧空气和空气污染物进入呼吸道的呼吸防护用品。

（3）防御物理和化学危险、有害因素对眼面部伤害的眼面部防护用品。

（4）防噪声危害及防水、防寒等的耳部防护用品。

（5）防御物理、化学和生物危险、有害因素对手部伤害的手部防护用品。

（6）防御物理和化学危险、有害因素对足部伤害的足部防护用品。

（7）防御物理、化学和生物危险、有害因素对躯干伤害的躯干防护用品。

（8）防御物理、化学和生物危险、有害因素损伤皮肤或引起皮肤疾病的护肤用品。

（9）防止高处作业劳动者坠落或者高处落物伤害的坠落防护用品。

（10）其他防御危险、有害因素的劳动防护用品。

劳动防护用品（部分）如图 5-7 所示。

图 5-7 劳动防护用品

二、劳动防护用品的使用

（一）防尘口罩佩戴方法

防尘口罩分为多次使用型和一次使用型。在有粉尘环境下工作，作业者必须佩戴防尘口罩。

（1）面向口罩无鼻夹的一面，双手各拉住一边耳带使鼻夹位于口罩上方。

（2）用口罩抵住下巴。

（3）将耳带拉向耳后，调整耳带至感觉舒适。

（4）将双手手指置于金属鼻夹中部，从中向两侧按照鼻梁形状向内按压，直至将其完全按压成鼻梁形状为止。

防尘口罩佩戴方法如图 5-8 所示。

佩戴口罩注意事项如下：

（1）每次佩戴口罩时，应进行口罩的密闭性检测、正压式检测与负压式检测；

（2）在使用过程中，如呼吸阻力过大或有轻微异味时必须更换过滤元件；

图 5-8 防尘口罩佩戴方法

（3）当口罩使用后，应使用清水或酒精擦拭干净，或用中性洗洁精清洗后晾干使用；

（4）防尘口罩 / 面具不适用在有毒环境或氧含量低于 18% 情况下使用。

（二）过滤式防毒面具的使用

当作业场所空气中氧含量大于 19%，且有害气体浓度没有超标的情况下可以使用防毒面罩。进行切割、打磨、敲砸作业中接触有毒液体的，以及进行喷砂、弹射工具及混凝土作业时要佩戴面罩。

过滤式防毒面具主要是由过滤元件、罩体、眼窗、呼气通话装置及头带等部件组成的，可对人体的呼吸器官，眼睛及面部皮肤提供有效防护（图 5-9）。防毒面罩可以根据防护要求分别选用各种型号的滤毒罐，应用各种有毒、有害的作业环境。

1. 过滤式防毒面具使用注意事项

（1）应根据毒气环境类型，选用对应型号的滤毒罐或滤毒盒。

（2）使用前应检查滤毒罐是否在有效期内。防毒面具有效期一般为3~5年，不同的品牌有效期会不同。

（3）佩带时如闻到毒气微弱气味，应立即离开有毒区域。

（4）使用前应检查面具的密封性，观察呼气阀有无变形及裂缝。

图 5-9　过滤式防毒面具

2. 防毒面具使用方法

将面具盖住口鼻；将头带拉至头顶；用双手将下面的头带拉向颈后；整理头带位置，调整到最佳位置，保证面具紧贴脸鼻密封完好。

（三）耳塞的使用方法

将耳塞的圆头部分搓细，手从头后部绕过，将耳朵向上、向外拉起，将耳塞的圆头部分塞入耳中。轻扶耳塞直至耳塞完全膨胀定型。为了舒适、安全地摘下耳塞，请一边旋转一边往外轻轻拉出耳塞（图5-10）。

图 5-10　耳塞

 知识链接

2021 年《职业病防治法》宣传周推荐宣传用语

改善工作环境，保护职工健康。

建设健康企业，助力健康中国。

共建健康企业，共享职业健康。

践行职业健康，争做健康达人。

健康中国，职业健康在行动。

岗前、岗中、离岗时，做好体检保健康。

启航新征程，构建职业健康发展新格局。

企业以劳动者为本，劳动者以健康为先。

健康工作，从我做起。

统筹推进疫情防控，切实保障劳动者健康。

单元四　健康企业建设及职业健康检查

一、健康企业建设的必要性

提升职业健康工作水平，有效预防和控制职业病危害，切实保障劳动者职业健康权益，对维护全体劳动者身体健康、促进经济社会持续健康发展至关重要。为多角度、多维度开展健康企业建设，保障劳动者身心健康，全国爱卫办、国家卫生健康委、工业和信息化部、生态环境部、全国总工会、共青团中央、全国妇联联合印发了《关于推进健康企业建设的通知》（全爱卫办发〔2019〕3号）和《健康企业建设规范（试行）》。

（1）有利于提高我国人民健康水平。职业人群是全国人口中最具创造力的人群，是生产力要素中最活跃的因素，劳动者健康素质的高低直接关系到一个国家的生产力发展水平和发展质量。职业健康保护行动事关广大劳动者的健康和亿万家庭的幸福，事关社会经济的可持续发展。党的十九大做出"实施健康中国战略"的重大决策，将维护人民健康提升到国家战略的高度。党中央国务院高度重视职业健康工作，把职业病防治和劳动者健康权益保护摆在更加突出的位置。

（2）有利于提高企业的综合素质。企业的经营者和企业员工的身体素质是其综合素质的重要组成部分，企业的成功与否与企业经营者和企业员工的身体状况有着直接联系。过度的工作压力不仅会使员工长期处于疲劳、烦躁情绪下，影响个体身心健康，而且也极大地降低了组织的工作效率，"高效、健康、幸福"员工队伍的建设问题已经引起社会极大的关注和重视。

（3）有利于提高组织绩效和企业生产力。职业健康是企业安全生产工作的重要内容之一。一方面降低了员工健康风险对其能力发挥带来的限制，改善了企业人力资本的质量；另一方面使员工感到企业的关怀，解除了员工的后顾之忧，优化了员工的工作动机与意愿，进而提升其努力程度，提高工作绩效。

（4）有利于企业可持续发展。健康的身体不仅是职工幸福的前提，更是企业发展的必要保障。职业健康体现了以人为本的管理理念，可以增强员工的组织认同感和归属感，提高企业的凝聚力。

二、强化健康企业建设

健康企业是健康"细胞"的重要组成之一，通过不断完善企业管理制度，有效改善企业环境，提升健康管理和服务水平，打造企业健康文化，满足企业员工的健康需求，实现企业建设与人的健康协调发展。

（一）加强组织领导

企业成立健康企业建设工作领导小组，开展健康企业建设工作。

健康企业建设坚持党委政府领导、部门统筹协调、企业负责、专业机构指导、全员共建共享的指导方针，按照属地化管理、自愿参与的原则，面向全国各级各类企业开展。具体管理办法由各省级爱卫会结合本地实际研究制定。

（二）强化技术支撑

全国爱卫办委托中国疾控中心职业卫生与中毒控制所作为全国健康企业建设技术指导单位。各地结合本地实际，委托符合条件的专业技术机构承担健康企业建设的技术指导，定期对建设效果进行评估，不断完善健康企业建设的举措。

（三）广泛动员

利用多种方式方法，推动全社会关心、关注、支持健康企业建设，推广示范典型经验，带动全国健康企业全面深入开展。

（四）建立健全管理制度

企业成立健康企业建设工作领导小组，开展健康企业建设工作。建立完善与劳动者健康相关的各项规章制度，规范企业劳动用工管理。完善政府、工会、企业共同参与的协商协调机制。

（五）建设健康环境

完善企业基础设施，废物排放和贮存、运输、处理符合国家、地方相关标准和要求。开展病媒生物防治。工作及作业环境、设备设施应当符合工效学要求和健康需求。全面开展控烟工作，打造无烟环境。加强水质卫生管理，确保生活饮用水安全。用餐场所符合相关规定要求，厕所设置布局合理、管理规范、干净整洁。

建立环境与健康的调查、监测和风险评估制度。采取有效措施预防控制环境污染相关疾病、道路交通伤害、消费品质量安全事故等。实施职业健康保护行动。

落实建设项目职业病防护设施"三同时"（同时设计、同时施工、同时投入生产和使用）制度，做好职业病危害预评价、职业病防护设施设计及竣工验收、职业病危害控制效果评价。

（六）提供健康管理与服务

企业应依据有关标准设立医务室、紧急救援站等。建立企业全员健康管理服务体系。设立健康指导人员或委托属地医疗卫生机构开展员工健康评估。企业设立心理健康辅导室，实施员工心理咨询等服务。组织开展健身活动。组织开展适合不同工作场地或工作方式的健身活动。加强对怀孕和哺乳期女职工的关爱和照顾。建立、健全职业病危害事故应急救援预案。遵守职业病防治法律、法规，做好职业病防治工作。

（七）营造健康文化

企业应广泛开展健康知识普及，倡导企业员工主动践行健康生活方式。定期组织开展健康教育活动，提高员工健康素养。关爱员工身心健康，构建和谐、平等、信任、宽容的人文环境。切实履行社会责任，积极参与社会公益活动。

三、职业健康检查

职业健康检查是根据《职业病防治法》等法律规定，对接触职业病危害因素的作业工人进行的专项体检，除进行一些常规项目的检查外，还必须选择和进行一些具有特异性检查意义的项目检查，其检查项目及内容按照《职业健康监护技术规范》（GBZ 188—2014）执行。

职业健康检查分为上岗前、在岗期间、离岗时、离岗后健康检查和应急健康检查5类。

职业健康体检不同于一般体检。一般体检是用人单位对非接触职业病危害作业的劳动者进行的身体检查，属常规体检，其目的是保护劳动者的常规健康。

职业健康检查则是根据职业病危害因素，将检查分为接触粉尘类、接触化学因素类、接触物理因素类、接触生物因素类、接触放射因素类及其他类（特殊作业等）6类。

企业职工要到有职业健康检查资质的医疗机构进行职业健康检查，医疗机构会根据企业提供的相关资料来确定相应的体检项目，并签订委托协议后，才能开展检查工作。

不同行业的作业人员，接触不同的职业病危害因素造成的健康损害都不同，各有其特点，需要针对性做职业健康检查。

 知识链接

> 党和政府历来高度重视职业病防治工作。习近平总书记在全国卫生与健康大会上强调，加强安全生产工作，推进职业病危害的源头治理，并多次就职业病防治工作和维护劳动者权益做出重要指示批示。
>
> 当前，我国正处在工业化、城镇化的快速发展阶段，前几十年粗放发展积累的职业病问题集中显现，职业健康工作面临诸多新问题和新挑战。近年来，尘肺病等重点职业病高发势头得到初步遏制，劳动者职业健康权益进一步得到保障。全国报告新发职业病病例数从2012年的27 420例下降至2021年15 407例，降幅达43.8%；其中，报告新发职业性尘肺病病例数从2012年的24 206例下降至2021年的11 809例，降幅达51.2%。主要分布在采矿业，并呈现年轻化趋势。由于职业健康检查覆盖率低和用工制度不完善等原因，实际发病人数远高于报告病例数，存在职业病危害的企业和接害人数多。据抽样调查，约有1 200万家企业存在职业病危害，超过2亿劳动者接触各类职业病危害。
>
> 2019年7月11日，经国务院同意，国家卫生健康委等10部门联合印发了《尘肺病防治攻坚行动方案》。
>
> 实施"职业健康保护行动"是党中央国务院加强职业病防治工作，切实保障劳动者健康权益的又一重大战略决策。

请调研合作办学企业劳动防护用品配备情况并填写表 5-1。

表 5-1　用人单位劳动防护用品配备标准

岗位 / 工种	作业者数量	危险、有害因素类别	危险、有害因素浓度 / 强度	配备的防护用品种类	防护用品型号 / 级别	防护用品发放周期	呼吸器过滤元件更换周期

思　考

1. 什么是职业健康体检？

2. 什么是职业病？职业危害因素有哪些？

3. 噪声危害如何控制？

4. 粉尘危害如何控制？

5. 职业健康检查与一般体检有什么区别？

6. 为什么五金、家具、陶瓷厂的工人体检时要进行纯音听阈测试？

7. 某女，44 岁，噪声作业 1 年，无岗前体检，离岗职业健康检查听力下降明显，可以得出其患有职业病的结论吗？

下 篇　质量篇

质量管理认知

知识结构图

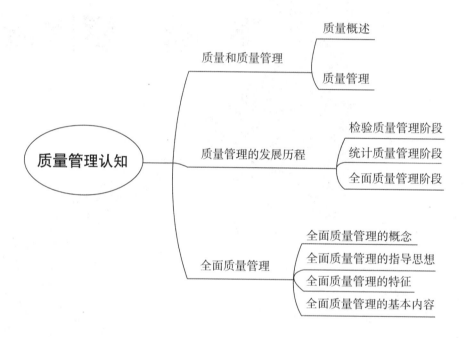

【学习目标】

掌握质量和质量管理的相关概念，了解质量管理的发展历程，熟悉全面质量管理的基本方法，培养学生精益求精的工匠精神。

第四届中国质量奖评选结果正式揭晓

2021年9月16日，在中国质量（杭州）大会上，第四届中国质量奖评选结果正式揭晓。国务委员王勇在开幕式上宣读习近平主席致大会的贺信，向第四届中国质量奖获奖组织和个人代表颁奖并致辞。

王勇强调，习近平主席的重要贺信，深刻阐述了质量对人类社会发展的重要意义，充分表明了中国推动高质量发展的坚定决心，为深化质量国际合作、促进质量变革创新提供了重要指引。我们要坚持以习近平新时代中国特色社会主义思想为指导，落实把握新发展阶段、贯彻新发展理念、构建新发展格局要求，大力实施质量强国战略，深入开展质量提升行动，全面加强质量安全监管，有力支撑经济社会高质量发展。

在各地区、各行业广泛推荐的基础上，经中国质量奖评选表彰委员会评选，市场监管总局审定并核报国务院，决定对京东方科技集团股份有限公司、中铁工程装备集团有限公司、美的集团股份有限公司、福耀玻璃工业集团股份有限公司、博世汽车部件（苏州）有限公司、宁波舟山港集团有限公司、银行间市场清算所股份有限公司、北京空间飞行器总体设计部、中国核电工程有限公司"华龙一号"研发设计创新团队9家组织及中国交通建设股份有限公司总工程师林鸣授予第四届中国质量奖，对徐工集团工程机械股份有限公司等80家组织和李万君等9名个人授予第四届中国质量奖提名奖。

中国质量奖是中国质量领域的最高荣誉，于2012年经中央批准设立，每两年评选一次，已开展了四届评选表彰活动。中国质量奖旨在推广科学的质量管理制度、模式和方法，促进质量管理创新，传播先进质量理念，激励引导全社会不断提升质量，推动建设质量强国。

2021年，市场监管总局会同发展改革委、科技部、工业和信息化部、农业农村部、商务部等有关部门和单位，以及相关科研院所、社会团体等联合成立中国质量奖评选表彰委员会，组织开展第四届中国质量奖评选表彰工作。经过材料评审、陈述答辩、现场评审、审议投票等一系列客观、公平、公正的评选程序，最终99个组织和个人脱颖而出，获得第四届中国质量奖及提名奖。

本届中国质量奖评选凸显5个特点：一是参评范围广泛，从各行业各地方推荐产生出696个组织和168名个人参评，数量为历届之最；二是外资企业首次参评并获奖，体现了中外质量管理交流互鉴的积极成果；三是民营企业等踊跃参评，获奖组织中民营及混合所有制企业占将近一半，显示了中国民营经济不断迸发的质量创新活力；四是首次为中小企业单设评选类别，共有6家中、小企业获得中国质量奖提名奖，引领广大中小企业走"专精特新"发展之路；五是有一批"链主"企业获奖，鼓励发挥标杆引领作用，推动产业链质量协同提升。

社会各类组织特别是广大企业是建设质量强国的生力军。第四届中国质量奖获奖组织长期践行科学质量管理，坚持走质量效益型发展道路，在质量、创新、品牌、效益等方面取得了突出成绩，形成了各具特色的质量管理制度、模式和方法，具有很高的社会推广价值；获奖个人都是长期从事质量工作的管理人员和一线工匠，具有很强的榜样和示范作用。市场监管总局及中国质量奖评选表彰委员会号召各行各业和全国广大质量工作者向获奖组织与个人学习，弘扬企业家精神和工匠精神，深入开展质量提升行动，加强全面质量管理，持续推进质量改进，大力实施质量创新，努力提高质量水平，全力推动质量强国建设，为全面建成社会主义现代化强国，实现中华民族伟大复兴的中国梦做出新的贡献。

（资料来源：《中国青年报》）

 思 考

如何理解质量是企业生存的根本？

质量是人类生产生活的重要保障。人类社会发展历程中，每一次质量领域变革创新都促进了生产技术进步、增进了人民生活品质。中国致力于质量提升行动，提高质量标准，加强全面质量管理，推动质量变革、效率变革、动力变革，推动高质量发展。中国愿同世界各国一道，加强质量国际合作，共同促进质量变革创新、推进质量基础设施互联互通，为推动全球经济发展、创造人类美好未来作出贡献。

——2021 年 9 月 16 日，习近平向中国质量（杭州）大会致贺信

单元一　质量和质量管理

一、质量概述

优秀的质量与服务可以为客户带来更多的价值，能使企业在激烈的市场竞争中夺得先机。质量管理是企业品牌的保护伞，严抓质量管理可以提高品牌的美誉度，加强质量管理也是维护人们的生活及身心健康的必要措施。

（一）质量的定义

《质量管理体系 基础和术语》（GB/T 19000—2016）中关于"质量"的定义：客体的一组固有特性满足要求的程度。"固有"是指存在于客体中，其对应的是"赋予"。

术语"质量"可使用形容词来修饰，如差、好或优秀。

（二）质量的重要性

坚持以习近平新时代中国特色社会主义思想为指导，全面贯彻党的十九大和十九届历次全会精神，深入落实党中央、国务院决策部署，立足新发展阶段、贯彻新发展理念、构建新发展格局，推动高质量发展，从构筑国家竞争新优势的战略高度出发，坚持发展和规范并重，加快推进质量管理信息化、数字化、智能化建设。

1. 质量强国是高质量发展的必然要求

质量强则国家强，质量水平的高低可以说是一个国家经济、科技、教育和管理水平的综合体现。党的十九大报告中明确提及"质量第一"和"质量强国"。"质量第一"是我国一以贯之的质量发展理念，也是经济新常态下贯彻落实供给侧结构性改革的具体要求。"质量强国"则相继出现在《政府工作报告》、"十三五""十四五"规划等党和国家的重要文件中，说明制造强国、质量强国建设正成为我国经济发展的重要战略目标。我国经

济已由高速增长阶段转向高质量发展阶段，全面建成社会主义现代化强国，质量是基础。加快建设质量强国，显著增强我国经济质量优势，是推动高质量发展、促进我国经济由大向强转变的关键举措。

2. 质量是企业立足的基石

在当今的市场环境中，企业与企业之间，行业与行业之间都存在着激烈的竞争。企业要在竞争中立于不败之地，走上可持续发展的道路，依靠的是优良的产品质量。产品质量的优劣决定产品的生命，乃至企业的命运。好的质量会给企业带来较高的利润回报，有质量才有市场，有质量才有效益。

3. 质量是企业发展的保证

提高质量能加强企业在市场中的竞争力，提高品牌美誉度。质量是企业开拓市场的生命线，用户对产品质量的要求越来越高，要想获得用户的青睐最根本的是拥有良好的、稳定的质量。低质量会给企业带来相当大的负面影响：它会降低公司在市场中的竞争力，增加生产产品或提供服务的成本，损害企业在公众心目中的形象。

二、质量管理

（一）质量管理的概念

《中华人民共和国产品质量法》（以下简称《产品质量法》）明确规定：生产者、销售者应当建立健全内部产品质量管理制度，严格实施岗位质量规范、质量责任及相应的考核办法。

国家鼓励推行科学的质量管理方法，采用先进的科学技术，鼓励企业产品质量达到并且超过行业标准、国家标准和国际标准。对产品质量管理先进和产品质量达到国际先进水平、成绩显著的单位和个人，给予奖励。

质量管理（Quality Management）是关于质量的管理，可包括制定质量方针和质量目标，以及通过质量策划、质量保证、质量控制和质量改进实现这些目标的过程。

国际标准和国家标准中质量管理的定义：质量管理是"在质量方面指挥和控制组织的协调的活动"。

全面质量管理的创始人阿曼德·费根堡姆对质量管理的定义：质量管理是"为了能够在最经济的水平上并考虑到充分满足顾客要求的条件下进行市场研究、设计、制造和售后服务，把企业内各部门的研制质量、维持质量和提高质量的活动构成为一体的一种有效的体系。"质量管理也可以理解为适用性的管理、市场化的管理。

（二）质量管理的基本内容

1. 质量方针（Quality Policy）

质量方针是由组织的最高管理者正式发布的该组织总的质量宗旨的方向。通常，质量方针与组织的总方针一致，与组织的愿景和使命相一致，并为制定质量目标提供框架。

2．质量管理体系（Quality Management System）

质量管理体系是指实施质量管理的组织结构、职责、程序、过程和资源。质量管理体系是质量管理的组织管理。

3．质量策划（Quality Planning）

质量策划致力于制定质量目标，并规定必要的运行过程和相关资源，以实现质量目标。质量策划通常包括产品策划，过程、产品实现、资源提供和测量分析改进等诸多环节的策划。

4．质量控制（Quality Control）

质量控制致力于满足质量要求。质量控制的目标是确保产品、体系、过程的固有特征达到规定要求的核心步骤。

5．质量保证（Quality Assurance）

质量保证是指为使人们确信某实体能满足质量要求，在质量体系内所开展的并按需要进行正式的、有计划和系统的全部活动。质量保证的核心思想是强调对用户负责，其核心问题是使人们相信某一组织有能力满足规定的质量要求，给用户、第三方和本企业最高管理层提供信任感。

质量保证可分为内部质量保证和外部质量保证。内部质量保证是质量管理职能的一个有机组成部分，是为了企业各层管理者确信本企业具有满足质量要求的能力所进行的活动；外部质量保证是为了使用户和第三方确信供方具备满足质量要求的能力所进行的活动。

6．质量改进（Quality Improvement）

质量改进是质量管理的一部分，致力于增强满足质量要求的能力，是一个企业持续改进和提高的过程。

7．质量成本（Quality Cost）

质量成本是为了保证满意的质量而发生的费用，包括没有达到满意的质量而造成的损失，它是总成本的一个组成部分。质量成本主要包括运行质量成本和外部保证成本两个部分。

现代质量管理经历了检验质量管理、统计质量管理和全面质量管理三个阶段。

一、检验质量管理阶段

20世纪以前，产品质量一直靠手工操作者的手艺和经验来保证。早期质量管理范围局限在质量"检验点"，以检查为中心。20世纪初期，产品的质量检验从加工制造中分离出来，质量管理的职能由操作者转移给工长。随着企业生产规模的扩大和产品复杂程度的提高，产品有了技术标准（技术规范），公差制度也日趋完善，各种检验工具和检验技术也随之发展，大多数企业开始设置检验部门，这一时期是事后检验质量管理。

"事后的把关"质量检验是在成品中挑出废品，以保证出厂产品质量。但这种事后检验把关，无法在生产过程中起到预防、控制的作用。废品已成事实，很难补救。且百分之百的检验，增加检验费用。随着生产规模进一步扩大，在大批量生产的情况下，其弊端就凸显出来。

谈一谈

如何理解"质量不是检验出来的，而是生产出来的"？

二、统计质量管理阶段

出于第二次世界大战美国军工的质量需要，美国休哈特等统计学者提出了"战时质量管理标准"，使用统计图表（图6-1）、控制图表、抽样检验等方法监控生产过程中的质量，把数理统计方法引入质量管理，使质量管理推进到统计质量控制阶段。这一阶段的特征是数理统计方法与质量管理的结合。

这一阶段的质量管理，从指导思想上由以前的事后把关，转变为事前的积极预防；从管理方法上广泛、深入地应用了统计的思考方法和统计的检验方法，减少了对检验的依赖。

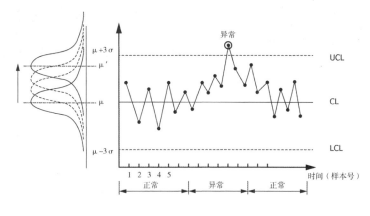

图 6-1　质量统计图

三、全面质量管理阶段

1961 年，美国质量大师阿曼德·费根堡姆发表了《全面质量管理》一书，该书强调执行质量职能是公司全体人员的责任，他提出：全面质量管理是为了能够在最经济的水平上并考虑到充分满足用户要求的条件下进行市场研究、设计、生产和服务，把企业各部门的研制质量、维持质量和提高质量活动构成为一体的有效体系。

与此同时，日本企业的质量管理实践也极大地丰富了全面质量管理的内容。这一时期质量管理实践"注重数理统计方法与行为科学结合，注重人在管理中的作用，全面、全方位参与管理"，并且开始延伸至企业外部特别是对顾客需求的重视，质量管理已不仅是企业的运营职能，而是企业战略的重要组成部分。

单元三　全面质量管理

一、全面质量管理的概念

全面质量管理（Total Quality Management，TQM）是指一个组织以质量为中心，以全员参与为基础，目的在于通过让顾客满意和本组织所有成员及社会受益而达到长期成功的管理途径。

全面质量管理中包含标准质量管理。ISO/TC 176（国际标准化组织、质量管理和质量保证技术委员会）总结了经济发展的需要和各国 QM 的经验，将 QM 要求和指南固化在一系列标准之中。ISO 9000 系列标准施行，加速了标准质量管理的推行。20 世纪 60 年代初，美国一些企业根据行为管理科学的理论，在企业的质量管理中开展了依靠职工"自我控制"的"无缺陷运动"（Zero Defects），日本在工业企业中开展质量管理小组简称"QC小组"活动，使全面质量管理活动迅速发展起来。

二、全面质量管理的指导思想

（一）质量第一，以质量求生存

任何产品都必须达到所要求的质量水平，否则就没有或未完全实现其使用价值，从而给消费者及社会带来损失。从这个意义上讲，质量必须是第一位的。市场的竞争其实就是质量的竞争，企业的竞争能力和生存能力主要取决于它满足社会质量需求的能力。"质量第一"并非"质量至上"。质量不能脱离当前的消费水平，也不能不考虑成本而一味追求质量，应该重视质量成本分析，综合分析质量和质量成本，确定最适宜的质量。

（二）以顾客为中心，坚持用户至上

外部的顾客可以是最终的顾客，也可以是产品的经销商或加工者；内部的顾客是企业的部门和人员。实行全过程的质量管理要求企业所有工作环节都必须树立为顾客服务的思想。内部顾客满意是外部顾客满意的基础。因此，在企业内部要树立"下道工序是顾客""努力为下道工序服务"的思想。只有每道工序在质量上都坚持高标准，都为下道工序着想，为下道工序提供最大的便利，企业才能目标一致地、协调地生产出符合规定要求、满足用户期望的产品。可见，全过程的质量管理就意味着全面质量管理要"始于识别顾客的需要，终于满足顾客的需要"。

（三）预防为主，不断改进产品质量

优良的产品质量是设计和生产制造出来的，而不是靠事后检验决定的。事后检验面

对的是已经既成事实的产品质量。根据这一基本道理，全面质量管理要求把管理工作的重点，从"事后把关"转移到"事前预防"；从管结果转变为管因素，实行"预防为主"的方针，把不合格品消失在它的形成过程之中，做到"防患于未然"。当然，为了保证产品质量，防止不合格品出厂或流入下道工序，并把发现的问题及时反馈，防止再出现、再发生，加强质量检验在任何情况下都是必不可少的。强调预防为主、不断改进的思想，不仅不排斥质量检验，而且甚至要求其更加完善、更加科学。

（四）用数据说话，以事实为基础

有效的管理是建立在数据和信息分析基础上的。要求在全面质量管理工作中具有科学的工作作风，必须做到"心中有数"，以事实为基础。为此必须要广泛收集信息，用科学的方法处理和分析数据与信息，不能够"凭经验，靠运气"。为了确保信息的充分性，应该建立企业内外部的信息系统。

（五）重视人的积极因素，突出人的作用

全面质量管理不仅需要最高管理者的正确领导，更需要充分调动企业员工的积极性。只有员工的充分参与，才能使其发挥出自己的才干为组织带来最大的收益。为了激发全体员工参与的积极性，管理者应该对职工进行质量意识、职业道德、以顾客为中心的意识和敬业精神的教育，还要通过制度化的方式激发员工的积极性和责任感。

三、全面质量管理的特征

全面质量管理有三个核心的特征，即全员参与、全过程控制和全面的质量管理。

（一）全员参与的质量管理

全员参与的质量管理即要求全部员工，无论高层管理者还是普通办公职员或一线工人，都要参与质量改进活动。参与"改进工作质量管理的核心机制"，明确全员参与的质量，是指需要对员工进行全面质量教育，要求全员把关，是全面质量管理的主要原则之一。

（二）全过程控制的质量管理

全过程控制的质量管理必须在市场调研、产品的选型、研究试验、设计、原料采购、制造、检验、储运、销售、安装、使用和维修等各个环节中都把好质量关。明确全过程的质量，是指质量贯穿采购、生产销售及售后服务的全过程，要明确每一岗位的工作质量标准，来保证实现产品的质量。

（三）全面的质量管理

全面的质量管理是用全面的方法管理全面的质量。明确全面质量对象，是指要明确全面质量管理对哪些事物进行管理，从生产企业来说包括材料质量、产品质量、销售服务质量。全面的方法包括科学的管理方法、数理统计的方法、现代电子技术、通信技术等。全面的质量包括产品质量、工作质量、工程质量和服务质量。

建立全企业的质量管理体系，目的是建立企业质量保证体系，形成全面的质量管理体系，如 ISO 9000 质量体系认证等是建立质量管理体系的一种有效方法。

四、全面质量管理的基本内容

（一）设计过程质量管理的内容

产品设计过程的质量管理是全面质量管理的首要环节，主要包括市场调查、产品开发、产品设计、工艺准备、试制和鉴定等过程。主要工作内容有根据市场调查研究，制定产品质量设计目标；组织销售、使用、科研、设计、工艺、制造、质量部门参与确定适合的设计方案；保证技术文件的质量；做好标准化的审查工作；督促遵守设计试制的工作程序。

（二）制造过程质量管理的内容

制造过程是指对产品直接进行加工的过程。它是产品质量形成的基础，是企业质量管理的基本环节。制造过程质量管理的工作内容有组织质量检验工作；组织和促进文明生产；组织质量分析，掌握质量动态；组织工序的质量控制，建立管理点。

（三）辅助过程质量管理的内容

辅助过程是指为保证制造过程正常进行而提供各种物资技术条件的过程。它包括物资采购供应、动力生产、设备维修、工具制造、仓库保管、运输服务等。辅助过程管理的主要内容有做好物资采购供应的质量管理，保证采购质量，严格入库物资的检查验收，按质、按量、按期提供生产所需要的各种物资；组织好设备维修工作，保持设备良好的技术状态；做好工具制造和供应的质量管理工作。

（四）使用过程质量管理的内容

使用过程是考验产品实际质量的过程，是企业内部质量管理的继续，也是全面质量管理的出发点和落脚点。使用过程质量管理的基本任务是提高服务质量（售前和售后服务），保证产品的实际使用效果，不断促使企业研究和改进产品质量。它主要的工作内容有开展技术服务工作；处理出厂产品质量问题；调查产品使用效果和用户要求。

 知识链接

海尔张瑞敏"砸出"海尔质量

这件事发生在 1985 年，当时有用户向海尔反映：工厂生产的电冰箱质量有问题。

随后，张瑞敏将库存中所有的 400 多台冰箱全部检查了一遍，发现 76 台冰箱有质量问题。对于这 76 台质量有缺陷的冰箱，工厂内部研究认为，问题不大，可以把冰箱低价处理给内部员工，作为工厂福利。

当时一台冰箱 800 元，相当于一名职工两年的收入。但张瑞敏指出："我要是允许把这 76 台冰箱卖了，就等于允许你们明天再生产 760 台这样的冰箱。"

他宣布，将 76 台有问题的冰箱全部砸掉，而且要制造冰箱的工人亲手来砸。随后张瑞敏亲自砸了第一锤，很多职工在砸冰箱的时候流下了眼泪。张瑞敏借此想要树立一个观念——有缺陷的产品就是废品。

做一做

了解一家合作办学企业在生产管理的过程中如何控制产品的质量，并形成调研报告。

思　考

1. 什么是质量管理？

2. 试述质量管理的发展历程。

3. 全面质量管理的基本程序是什么？

质量管理体系

知识结构图

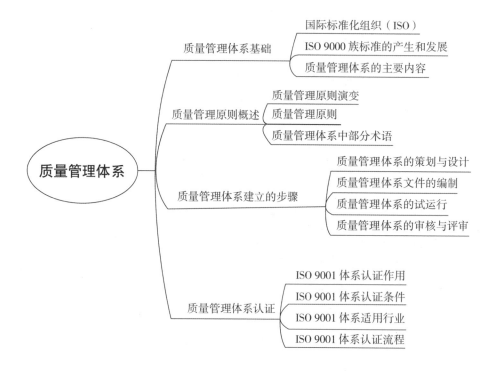

质量管理体系基础 ── 国际标准化组织（ISO）

ISO 9000 族标准的产生和发展

质量管理体系的主要内容

质量管理原则概述 ── 质量管理原则演变

质量管理原则

质量管理体系中部分术语

质量管理体系 ── 质量管理体系建立的步骤 ── 质量管理体系的策划与设计

质量管理体系文件的编制

质量管理体系的试运行

质量管理体系的审核与评审

质量管理体系认证 ── ISO 9001 体系认证作用

ISO 9001 体系认证条件

ISO 9001 体系适用行业

ISO 9001 体系认证流程

【学习目标】

掌握 ISO 9000 族系列标准实施要点，了解 ISO 9000 质量体系标准的产生和发展，明确质量管理体系建立的步骤，培养学生的敬业精神，树立现代管理思维。

于细微处见功夫　用标准严格把控每个环节

19年前，我国台湾糕点品牌"御品轩"把台湾的烘焙理念和味道带到陕西，让凤梨酥、麻薯俘获了西北人的味蕾。

现如今，"御品轩"已成为西安城内家喻户晓、妇孺皆知的美食品牌。从5名员工、300 m²的厂房干起，御品轩拥有了现代化的生产设备及卫生标准的生产厂房。御品轩目前在西安市、咸阳市、汉中市、宝鸡市、渭南市及郑州市拥有55家门市专卖店，并于2011年荣膺西安世界园艺博览会指定烘焙供应商，同时获得"陕西省著名商标"和"2010中国烘焙最具美誉度品牌"等荣誉，2009年御品轩的蛋黄酥更是入选"中华糕饼文化遗产"。

提起"御品轩"的"制胜法宝"，董事长杨鸿鹏认为，"一是品质，二是创新"。每一款精心制作的烘焙面点既是香味四溢、回味无穷的美食，又是精雕细琢、独一无二的艺术品。于细微处见功夫，这是记者在御品轩企业参观后最大的感触，用品保部经理姚开涛的话说，就是"用标准严格把控每个环节"。

台湾烘焙的传统让御品轩习惯了使用优良的原料。毕竟，做食品只有在品质、口味上表现出优异性，才能让顾客慢慢地去接受一个品牌。

透明宽敞的操作间，先进的设备，全副武装的糕点师，这样的环境做出来的糕点让大家放心。要知道肯德基汉堡包所选用的面包就是这里生产的！

御品轩关注原材料供应、配料、搅拌、分割、醒发、烤制、冷却、包装、运输等各个环节，不放过，不凑合，每个细节精益求精，追求极致从未止步。

挑选全球顶级原物料供应商，为消费者提供更优质的烘焙选择。美国维益公司顶级鲜奶油、法国进口铁塔淡奶油、南非进口金牌黄桃、美国金山杏仁片、澳大利亚MG奶油芝士、比利时焙乐道、美国加州葡萄干、新西兰进口安佳黄油、英国紫米吉淡奶油……这些大家耳熟能详的大品牌，都是御品轩的供应商。

选取原料合作伙伴细致入微，容不得丝毫懈怠，从开业的第一家店开始，御品轩就和美国维益公司建立了良好的合作伙伴关系。

"要成为御品轩的供应商可不容易。"姚开涛告诉记者，"对于大宗原料，诸如面粉、馅料等的供应商，必须经过三道卡：一是到原产地实地查看、现场审核；二是满足我们制定的严格的验收标准；三是每批来货进行抽样检查。"

说到原料验收标准，御品轩可是极为苛刻的。例如，国标对水分的要求是21%~22%，御品轩要求达到18%~19%，因为它最终会影响成品糕点水分的含量，水分太少会干，太多容易变质。有一种添加剂，国家要求是≤2%，而御品轩会规定≤1.5%。对于一些特别生鲜的食材，如蔬菜和水果，则必须天天供应。

在配料方面，御品轩慎之又慎。面粉必须过筛，防止异物、杂质带入；添加剂称量和使用，采用专间，实行五专管理，即专人、专柜、专记录、专锁、专采购，杜绝添加剂有可能造成的食品安全风险、化学的危害等。在称量用量上，实行三人称量：一人称重，一人复核，一人再复核，确保用量的正确性。

最后的运输环节也丝毫不马虎。在每辆冷藏运输车上都装有 GPS、数控的温度记录仪，每 15 分钟导出一次数据，随时跟踪车辆出厂后的情况，对出厂后路途中的温度、到每家门店的温度进行实时监控。如果温度超出，会提醒车辆进行调节。

"食品安全大于天，容不得丝毫马虎，必须'小题大做'。一定要以细之又细、慎之又慎、严之又严的态度，制定完善的生产管理规程，严格按照相关产品标准组织生产，从源头上把好食品安全关，切实保障老百姓'舌尖上的安全'。"杨鸿鹏告诉记者，事实上，安全只是底线。不造假，不造次，符合甚至高于国家质量标准，才会有品质的开始。所以，我们制定的标准都是高于国标、优于行标，甚至沿用高标准的国际质量管理体系。

十几年来，御品轩的品质始终如一，这让每个客户感受到的不仅是产品的优质，还有那份对于烘焙的执着与坚持。

（资料来源：中国质量新闻网）

思 考

如何理解质量管理"三不原则"（不接受不良品，不生产不良品，不放行不良品）？

推动中国制造向中国创造转变、中国速度向中国质量转变、中国产品向中国品牌转变。

——2014 年 5 月 10 日，习近平总书记在中铁工程装备集团有限公司考察时作出重要指示

单元一　质量管理体系基础

一、国际标准化组织（ISO）

国际标准化组织（International Organization for Standardization，ISO）是标准化领域中的一个国际性非政府组织。该组织于 1947 年正式成立，以促进国际间的合作和行业标准的统一。

ISO 负责当今世界上绝大部分领域（包括军工、石油、船舶等垄断行业）的标准化活动。ISO 现有 165 个成员（包括国家和地区）。ISO 于 1979 年成立了"质量管理和质量保证技术委员会"（TC176），负责制定质量管理和质量保证方面的国际标准。

二、ISO 9000 族标准的产生和发展

全球经济的发展，要求贸易中质量管理和质量保证要有共同的语言与准则，作为质量评价所依据的基础。为适应全球性质量体系认证的多边互认、减少技术壁垒和贸易壁垒的需要，ISO 从适应国际贸易和质量管理的发展需要出发，汇集世界上质量管理专家，通过协调各国质量标准的差异，起草并正式颁布的一套质量管理的国际标准。ISO 9000 系列标准于 1987 年发布，是世界上第一个质量管理和质量保证系列国际标准。由于系列标准是在总结世界各国，特别是市场经济发达国家质量管理经验的基础上产生的，具有很强的实践性和指导性。所以，标准一经问世，立即得到世界各国普遍欢迎，纷纷采用。

到目前为止，ISO 已先后颁布了 5 个版本的 ISO 9000 标准，分别是 ISO 9000：1987、ISO 9000：1994、ISO 9000：2000、ISO 9000：2008 和 ISO 9000：2015。

目前，最新版本的 ISO 9000 族系列标准如下：

（1）ISO 9000：2015《质量管理体系 基础和术语》，我国国家标准对应为《质量管理体系 基础和术语》（GB/T 19000—2016），表述质量管理体系基础知识，并规定质量管理

体系术语。

（2）ISO 9001：2015《质量管理体系 要求》，我国国家标准对应为《质量管理体系 要求》（GB/T 19001—2016）（图1-2），规定质量管理体系要求，用于证实组织具有提供满足顾客要求和适用法规要求的产品的能力，目的在于增强顾客满意。

（3）ISO 9004：2018《质量管理体系 业绩改进指南》，我国国家标准对应为《质量管理 组织的质量 实现持续成功指南》（GB/T 19004—2020）（图7-1），提供考虑质量管理体系的有效性和效率两方面的指南。该标准的目的是促进组织业绩改进和使顾客及其他相关方满意（ISO 9004：2019《组织的持续成功管理 质量管理方法》，我国国家标准现未采用此版本）。

图7-1　《质量管理　组织的质量　实现持续成功指南》
（GB/T 19004—2020）

三、质量管理体系的主要内容

ISO 9001是一类标准的统称，是质量管理体系，也是质量保证体系，还是企业发展与成长之根本。《质量管理体系 要求》（ISO 9001：2015），是指在质量方面指挥和控制组织的管理体系，一般由与管理活动、资源提供、产品实现以及测量、分析与改进活动相关的过程组成。质量管理体系是组织内部建立的、为实现质量目标所必需的、系统的质量管理模式，是组织的一项战略决策。ISO 9001帮助管理者提高组织绩效，通过质量认证，还可以便于衡量绩效并更好地管理营运风险。

国际标准化组织（ISO）第43届大会和第116届理事会会议于2021年9月20日至24日以视频形式召开，来自164个ISO成员国的代表参加了本届大会。中国国家市场监督管理总局副局长、标准委主任田世宏作为 ISO 中国国家成员体主席和常任理事国代表，率中国代表团出席了 ISO 大会及大会同期举行的理事会、技术管理局、发展中国家事务委员会（DEVCO）、亚太地区理事会成员会议等多个 ISO 管理层会议。中国是 ISO 的正式成员，代表中国参加 ISO 的国家机构是中国国家市场监督管理总局。

ISO 9001 质量保证体系的作用：ISO 9001 质量管理体系涵盖了从确定顾客需求、设计研制、生产、检验、销售、交付之前全过程的策划、实施、监控、纠正与改进活动的要求，一般以文件化的方式，成为组织内部质量管理工作的要求。ISO 9001：2008 中的文件内容包括质量手册、程序文件、操作文件、质量记录 4 个部分。ISO 9001：2015 版标准的文件要求与 2008 版比较，有了明显的变化。质量手册、程序这样在标准中明确要求的文件取消了，统一用"文件信息（Documented Information）"来标识。

根据质量管理体系标准的要求，质量管理体系文件由 3 个层次的文件构成。第一层次：质量手册；第二层次：程序文件；第三层次：各种作业指导书、工作规程、质量记录等。

（1）质量手册。质量手册是企业内部质量管理的纲领性文件和行动准则，应阐明企业的质量方针，并描述其质量管理体系的文件，它对质量管理体系做出了系统、具体而又纲领性的阐述。

（2）程序文件。程序文件是质量手册的支持性文件，是实施质量管理体系要素的描述，它对所需要的各个职能部门的活动规定了所需要的方法，在质量手册和作业文件之间起承上启下的作用。

（3）作业文件。作业文件也称为操作文件，是程序文件的支持性文件，是对具体的作业活动给出的指示性文件。

（4）质量记录。质量记录是用以记录质量活动的状态和所达到的结果的文件。文字、影像、声音可以作为记录，痕迹、外部信息、数据分析等，都能成为证据。

一、质量管理原则演变

质量管理原则是 1995 年根据 ISO 9000 族标准的实践经验，与质量管理理论进行分析和总结，提出的质量管理一般性规律，也是质量管理的理论基础和制定 ISO 标准族的指导思想。

相比《质量管理体系　基础和术语》（GB/T 19000—2008），《质量管理体系　基础和术语》（GB/T 19000—2016）（ISO 9000：2015）标准在原有质量管理原则的基础上进行了修订，主要是把原来八项质量管理原则中"管理的系统方法"原则融入"过程方法"，从而进一步强调了过程的系统管理，也使原来的八项质量管理原则浓缩成了七项质量管理原则。

在《质量管理体系　基础和术语》（GB/T 19000—2016）中，七项质量管理原则分别是以顾客为关注焦点、领导作用、全员积极参与、过程方法、改进、循证决策、关系管理。

二、质量管理原则

七项质量管理原则是质量管理的指导思想。组织要进行质量管理，就应该用七项原则来做指导思想，不能让任何一个管理项目或管理要求脱离七项原则。

（一）以顾客为关注焦点

质量管理的首要关注点是满足顾客要求并且努力超越顾客期望。

1. 以顾客为中心

以顾客为关注焦点就是以顾客为中心，是全面质量管理的首要原则。在当今的经济活动中，任何一个组织想要生存，都要依存于他们的顾客。为顾客提供其所需的满意产品或服务，才能获得生存和发展的动力和源泉。以顾客为关注焦点，作为质量管理第一原则，坚持创新和持续改善来改进产品或服务质量，以满足顾客需求。

2. 依据

组织只有赢得和保持顾客和其他相关方的信任才能获得持续成功。与顾客相互作用的每个方面，都提供了为顾客创造更多价值的机会。理解顾客和其他相关方当前与未来的需求，有助于组织的持续成功。

3. 主要益处

以顾客为关注焦点的主要益处如下：

（1）提升顾客价值；

（2）增强顾客满意；

（3）增进顾客忠诚；

（4）增加重复性业务；

（5）提高组织的声誉；

（6）扩展顾客群；

（7）增加收入和市场份额。

4. 可开展的活动

（1）识别从组织获得价值的直接顾客和间接顾客；

（2）理解顾客当前和未来的需求和期望；

（3）将组织的目标与顾客的需求和期望联系起来；

（4）在整个组织内沟通顾客的需求和期望；

（5）为满足顾客的需求和期望，对产品和服务进行策划、设计、开发、生产、交付和支持；

（6）测量和监视顾客满意情况，并采取适当的措施；

（7）在有可能影响顾客满意的有关相关方的需求和适宜的期望方面，确定并采取措施；

（8）主动管理与顾客的关系，以实现持续成功。

（二）领导作用

1. 含义概述

各级领导建立统一的宗旨和方向，并创造全员积极参与实现组织的质量目标的条件。

领导作用是质量管理的第二项原则。企业质量管理是一项全员参与的活动，涉及企业的高层、中层、基层管理人员和全体职工，其中最为重要的是决策层对质量管理给予足够的重视程度以及提供的支持，这样才能够使组织中的所有员工和资源都融入质量管理，缺乏领导的作用，质量管理最终只会是一句口号。

2. 依据

统一的宗旨和方向的建立，以及全员的积极参与，能够使组织将战略、方针、过程和资源协调一致，以实现其目标。

3. 主要益处

领导作用的主要益处如下：

（1）提高实现组织质量目标的有效性和效率；

（2）组织的过程更加协调；

（3）改善组织各层级、各职能间的沟通；

（4）开发和提高组织及其人员的能力，以获得期望的结果。

4. 可开展的活动

（1）在整个组织内，就其使命、愿景、战略、方针和过程进行沟通；

（2）在组织的所有层级创建并保持共同的价值观，以及公平和道德的行为模式；

（3）培育诚信和正直的文化；

（4）鼓励在整个组织范围内履行对质量的承诺；

（5）确保各级领导者成为组织中的榜样；

（6）为员工提供履行职责所需的资源、培训和权限；

（7）激发、鼓励和表彰员工的贡献。

（三）全员积极参与

1. 含义概述

整个组织内各级胜任、经授权并积极参与的人员，是提高组织创造和提供价值能力的必要条件。

全员积极参与是质量管理的第三项原则。QC 小组起源于日本，强调全员参与质量管理，并迅速在全世界范围内得到推广和学习。就是将所有人员纳入一个个小组织，共同承担质量管理和质量改善的责任，给企业带来巨大的收益。因此，全员参与是全面质量管理思想的核心。

2. 依据

为了有效和高效地管理组织，各级人员得到尊重并参与其中是极其重要的。通过表彰、授权和提高能力，促进在实现组织的质量目标过程中的全员积极参与。

3. 主要益处

全员积极参与的主要益处如下：

（1）组织内人员对质量目标有更深入的理解，以及更强的加以实现的动力；

（2）在改进活动中，提高人员的参与程度；

（3）促进个人发展、主动性和创造力；

（4）提高人员的满意程度；

（5）增强整个组织内的相互信任和协作；

（6）促进整个组织对共同价值观和文化的关注。

4. 可开展的活动

（1）与员工沟通，以增强他们对个人贡献的重要性的认识；

（2）促进整个组织内部的协作；

（3）提倡公开讨论，分享知识和经验；

（4）让员工确定影响执行的制约因素，并且毫无顾虑地主动参与；

（5）赞赏和表彰员工的贡献、学识和进步；

（6）针对个人目标进行绩效的自我评价；

（7）进行调查以评估人员的满意程度，沟通结果并采取适当的措施。

（四）过程方法

1. 含义概述

将活动作为相互关联、功能连贯的过程组成的体系来理解和管理时，可更加有效和高效地得到一致的、可预知的结果。

过程方法是质量管理的第四项原则。过程方法就是关注产品生产管理的各个环节，将其作为一个过程进行研究分析和改善，即必须将质量管理所涉及的相关资源和活动都作为一个过程来进行管理，以达到质量的持续提高。

2. 依据

质量管理体系是由相互关联的过程所组成。理解体系是如何产生结果的，能够使组织尽可能地完善其体系并优化绩效。

3. 主要益处

过程方法的主要益处如下：

（1）提高关注关键过程的结果和改进的机会的能力；

（2）通过由协调一致的过程所构成的体系，得到一致的、可预知的结果；

（3）通过过程的有效管理，资源的高效利用及减少跨职能壁垒，尽可能提升其绩效；

（4）使组织能够向相关方提供关于其一致性、有效性和效率方面的信任。

4. 可开展的活动

（1）确定体系的目标和实现这些目标所需的过程；

（2）为管理过程确定职责、权限和义务；

（3）了解组织的能力，预先确定资源约束条件；

（4）确定过程相互依赖的关系，分析个别过程的变更对整个体系的影响；

（5）将过程及其相互关系作为一个体系进行管理，以便有效和高效地实现组织的质量目标；

（6）确保获得必要的信息，以运行和改进过程并监视、分析和评价整个体系的绩效；

（7）管理可能影响过程输出和质量管理体系整体结果的风险。

（五）改进

1. 含义概述

成功的组织持续关注改进。

持续改进是全面质量管理的第五项原则，同时也是全面质量管理的核心思想。实际上，仅仅做对一件事情并不困难，而要把一件简单的事情成千上万次都做对，那才是不简单的。为了更好地做好持续改进的工作，要善于利用各种先进科学的管理技术和工具，包括统计技术和计算机技术等。

当我们进行一项质量改进活动时，首先需要制定、识别和确定目标，理解并统一管理一个有相互关联的过程所组成的体系。质量管理不仅是质量部门的事情，还需要企业所有部门的参与才能最大限度地满足顾客的需求。

2. 依据

改进对于组织保持当前的绩效水平，对其内、外部条件的变化做出反应，并创造新的机会，都是非常必要的。

3. 主要益处

改进的主要益处如下：

（1）提高过程绩效、组织能力和顾客满意；

（2）增强对调查和确定根本原因及后续的预防和纠正措施的关注；

（3）提高对内外部风险和机遇的预测与反应能力；

（4）增加对渐进性和突破性改进的考虑；

（5）更好地利用学习来改进；

（6）增强创新的动力。

4. 可开展的活动

（1）促进在组织的所有层级建立改进目标；

（2）对各层级人员进行教育和培训，使其懂得如何应用基本工具和方法实现改进目标；

（3）确保员工有能力成功地促进和完成改进项目；

（4）开发和展开过程，以在整个组织内实施改进项目；

（5）跟踪、评审和审核改进项目的策划、实施、完成和结果；

（6）将改进与新的或变更的产品、服务和过程的开发结合在一起予以考虑；

（7）赞赏和表彰改进。

（六）循证决策

1. 含义概述

基于数据和信息的分析与评价的决策，更有可能产生期望的结果。

循证决策是全面质量管理的第六项原则。它以事实为基础，任何有效的决策是建立在对数据和信息进行合乎逻辑和直观的分析基础上的，并进行研究分析，从而制定出的对策都是科学、合理、有效的。因此，作为迄今为止最为科学的质量管理，必须以事实为依据，背离了事实基础的任何活动都是没有意义的。

2. 依据

决策是一个复杂的过程，并且总是包含某些不确定性。它经常涉及多种类型和来源的输入及其理解，而这些理解可能是主观的。重要的是理解因果关系和潜在的非预期后果。对事实、证据和数据的分析可导致决策更加客观、可信。

3. 主要益处

循证决策的主要益处如下：

（1）改进决策过程；

（2）改进对过程绩效和实现目标的能力的评估；

（3）改进运行的有效性和效率；

（4）提高评审、挑战和改变观点和决策的能力；

（5）提高证实以往决策有效性的能力。

4. 可开展的活动

（1）确定、测量和监视关键指标，以证实组织的绩效；

（2）使相关人员能够获得所需的全部数据；

（3）确保数据和信息足够准确、可靠和安全；

（4）使用适宜的方法对数据和信息进行分析和评价；

（5）确保人员有能力分析和评价所需的数据；

（6）权衡经验和直觉，基于证据进行决策并采取措施。

（七）关系管理

1. 含义概述

为了持续成功，组织需要管理与有关相关方（如供方）的关系。

关系管理是质量管理的第七项原则，只有保持组织和供方之间保持互利"共赢"的关系，才能更大地调动供方的主动性和积极性，提升其配合力度，可增进两个组织创造价值的能力，从而为双方的进一步合作提供基础，谋取更大的共同利益。因此，质量管理不仅是企业内部的事情，实际上已经渗透进企业供应商的管理。

2. 依据

有关相关方影响组织的绩效。当组织管理与所有相关方的关系，以尽可能有效地发挥其在组织绩效方面的作用时，持续成功更有可能实现。对供方及合作伙伴网络的关系管理是尤为重要的。

3. 主要益处

关系管理的主要益处如下：

（1）通过对每个与相关方有关的机会和限制的响应，提高组织及其有关相关方的绩效；

（2）对目标和价值观，与相关方有共同的理解；

（3）通过共享资源和人员能力，以及管理与质量有关的风险，增强为相关方创造价值的能力；

（4）具有管理良好、可稳定提供产品和服务的供应链。

4. 可开展的活动

（1）确定有关相关方（如供方、合作伙伴、顾客、投资者、雇员或整个社会）及其与组织的关系；

（2）确定和排序需要管理的相关方的关系；

（3）建立平衡短期利益与长期考虑的关系；

（4）与有关相关方共同收集和共享信息、专业知识和资源；

（5）适当时，测量绩效并向相关方报告，以增加改进的主动性；

（6）与供方、合作伙伴及其他相关方合作开展开发和改进活动；

（7）鼓励和表彰供方及合作伙伴的改进和成绩。

三、质量管理体系中部分术语

（1）方针：由最高管理者正式发布的组织的宗旨和方向。

（2）质量方针：关于质量的方针。

（3）组织：为实现其目标，由职责、权限和相互关系构成自身职能的一个人或一组人。

（4）相关方：能够影响决策或活动、受决策或活动影响，或自认为受决策或活动影响的个人或组织。

（5）供方：提供产品或服务的组织。

（6）项目：由一组有起止日期的、相互协调的受控活动组成的独特过程，该过程要达到符合包括时间、成本和资源的约束条件在内的规定要求的目标。

（7）过程：利用输入实现预期结果的相互关联或相互作用的一组活动。

（8）程序：为进行某项活动或过程所规定的途径。

（9）产品：在组织和顾客之间未发生任何交易的情况下组织能够产生的输出。

（10）服务：至少有一项活动必须在组织和顾客之间进行的组织的输出。

（11）有效性：完成策划的活动并得到策划结果的程度。

（12）评审：对客体实现所规定目标的适宜性、充分性或有效性的确定。

（13）检验：对符合规定要求的确定。

（14）审核：为获得客观证据并对其进行客观的评价，以确定满足审核准则的程度所进行的系统的、独立的并形成文件的过程。

（15）持续改进：提高绩效的活动（活动可以是循环的或一次性的）。

（16）设计和开发：将对客体的要求转换为对其更详细的要求的一组过程。

（17）纠正措施：为消除不合格原因并防止再发生所采取的措施。

（18）质量手册：组织的质量管理体系的规范。

（19）顾客满意：顾客对其期望已被满足程度的感受。

（20）基础设施：组织运行所必需的设施、设备和服务的系统。

（21）工作环境：工作时所处的一组条件。

（22）体系：系统，相互关联或相互作用的一组要素。

 知识链接

2021 年全国"质量月"活动口号

主题：

深入实施质量提升行动　大力推进质量强国建设

口号：

1. 让质量强国深入人心　让质量提升扎实推进

2. 坚持质量第一　建设质量强国

3. 大力提升质量　建设质量强国

4. 提升产品和服务质量　推动经济高质量发展

5. 建设质量强国　共享美好生活

6. 推动高质量发展　共享高品质生活

7. 优化营商环境　建设质量强国

8. 推动质量变革　建设质量强国

9. 加强全面质量管理　开展质量提升行动

10. 弘扬工匠精神　推动品质革命

11. 夯实质量基石　共筑强国梦想

12. 全民关注质量　质量服务全民

13. 人人创造质量　人人享受质量

14. 质量提升　人人有责

15. 个个树立质量意识　人人创造中国质量

单元三　质量管理体系建立的步骤

建立、完善质量体系一般要经历质量体系的策划与设计、质量体系文件的编制、质量体系的试运行、质量体系审核和评审 4 个阶段，每个阶段又可分为若干具体步骤。

一、质量管理体系的策划与设计

该阶段主要是做好各种准备工作，包括教育培训，统一认识；组织落实，拟订计划；确定质量方针，制定质量目标；现状调查和分析；调整组织结构，配备资源等方面。

（一）教育培训，统一认识

质量体系建立和完善的过程，是始于教育，终于教育的过程，也是提高认识和统一认识的过程，教育培训要分层次，循序渐进地进行。

（1）第一层次为决策层，包括党、政、技（术）领导。其主要培训如下：

① 通过介绍质量管理和质量保证的发展和本单位的经验教训，说明建立、完善质量体系的迫切性和重要性；

② 通过 ISO 9000 族标准的总体介绍，提高按国家（国际）标准建立质量体系的认识。

③ 通过质量体系要素讲解，明确决策层领导在质量体系建设中的关键地位和主导作用。

（2）第二层次为管理层，重点是管理、技术和生产部门的负责人，以及与建立质量体系有关的工作人员。

这一层次的人员是建设、完善质量体系的骨干力量，起着承上启下的作用，要使他们全面接受 ISO 9000 族标准有关内容的培训，在方法上可采取讲解与研讨结合。

（3）第三层次为执行层，即与产品质量形成全过程有关的作业人员。对这一层次人员主要培训与本岗位质量活动有关的内容，包括在质量活动中应承担的任务，完成任务应赋予的权限等，以确保体系运行严谨有效。

（二）组织落实，精准策划

体系的构建需要认真策划，形成书面文件控制落实。对多数企业来说，成立体系领导小组、实施小组是必要的。

（1）体系领导小组：成立以最高管理者（厂长、总经理等）为组长，质量主管领导为副组长的质量体系建设领导小组（或委员会）。其主要任务如下：

① 体系建设的总体规划、需求分析；

② 制定质量方针和目标；

③ 按职能部门进行质量职能的分配和资源提供。

（2）实施小组：成立由各职能部门领导（或代表）参加的工作小组。其主要工作职责是按照体系建设的总体规划具体组织实施。

（三）确定方针，制定目标

根据顾客和相关法的需求与期望，结合企业实际情况确定质量方针，质量方针体现了一个组织对质量的追求，对顾客的承诺，是职工质量行为的准则和质量工作的方向。制定质量方针的要求如下：

（1）与总方针相协调；

（2）应包含质量目标；

（3）结合组织的特点；

（4）确保各级人员都能理解和坚持执行；

（5）能够持续改进。

（四）现状调查，全面分析

现状调查和分析的目的是合理地选择体系要素，内容如下：

（1）体系情况分析。即分析本组织的质量体系情况，以便根据所处的质量体系情况选择适宜的质量体系要素。

（2）产品特点分析。即分析产品的技术、使用对象、产品特性等，以确定要素的采用程度。

（3）组织结构分析。组织的管理机构设置是否适应质量体系的需要。应建立与质量体系相适应的组织结构并确立各机构间隶属关系、联系方法。

（4）基础设施、生产设备和检测设备能否适应质量体系的有关要求。

（5）技术、管理和操作人员的组成、结构及水平状况的分析。

（6）管理基础工作情况分析。即标准化、计量、质量责任制、质量教育和质量信息等工作的分析。

对以上内容可采取与标准中规定的质量体系要素要求进行对比性分析。

（五）调整结构，配备资源

调整组织结构及各部门的工作职责和权限，明确各项质量活动的分工、顺序和接口等，保证体系顺利运行。在质量活动展开的过程中，涉及相应的硬件、软件和人员配备，应根据需要进行适当的调配和充实，充分利用各种资源。

二、质量管理体系文件的编制

质量体系文件的编制内容和要求，从质量体系的建设角度讲，应强调几个问题：

（1）体系文件一般应在第一阶段工作完成后才正式制定，必要时也可以交叉进行。如果缺少第一阶段的工作，直接编制体系文件就容易脱离企业实际，导致系统性、整体性不强。

（2）质量手册、程序文件需成立专门的编制小组统一组织制定，其他体系文件应按分工由归口职能部门分别制定，先提出草案，再组织审核，以增强可操作性。

（3）质量体系文件的编制应结合本单位的质量职能分配进行。按所选择的质量体系要求，逐个展开为各项质量活动（包括直接质量活动和间接质量活动），将质量职能分配落实到各职能部门。

（4）为了使所编制的质量体系文件做到协调、统一，在编制前应制定"质量体系文件明细表"，将现行的企业标准、规章制度、管理办法及记录表式收集在一起，与质量体系要素进行比较，从而确定新编、增编或修订质量体系文件项目。

（5）为了提高质量体系文件的编制效率，减少返工，在文件编制过程中要加强文件的层次间、文件与文件间的协调。尽管如此，一套质量好的质量体系文件也要经过自上而下和自下而上的多次反复修改。

（6）编制质量体系文件的关键是讲求实效，不走形式。既要从总体上和原则上满足ISO 9000族标准，又要在方法上和具体做法上符合本单位的实际，避免文件和实际两张皮的现象发生。

三、质量管理体系的试运行

质量体系文件编制完成后，即可进入试运行阶段。其目的是通过试运行，考验质量体系文件的有效性和协调性，并对暴露出的问题，采取改进措施和纠正措施，以达到进一步完善质量体系文件的目的。在质量体系试运行过程中，要重点抓好以下工作：

（1）宣贯质量体系文件。使全体职工认识到新建立或完善的质量体系是对过去质量体系的变革，要适应这种变革就必须认真学习、贯彻质量体系文件。

（2）检验质量体系文件。对于体系文件在试运行期间出现的问题，全体职工应当从实际出发，将改进意见如实反映给各相关职能部门，以便纠正和完善。

（3）加强信息管理。试运行过程中产生的质量信息，都应按体系文件要求，做好收集、分析、传递、反馈和归档等工作。

四、质量管理体系的审核与评审

质量体系审核在体系建立之初尤为重要。在这一阶段，质量体系审核的重点，主要是验证和确认体系文件的全面性、适用性及有效性。

（一）审核与评审的主要内容

（1）规定的质量方针和质量目标是否可行。

（2）体系文件是否覆盖了所有主要质量活动，各文件之间的接口是否清楚。

（3）组织结构能否满足质量体系运行的需要，各部门、各岗位的质量职责是否明确。

（4）质量体系要素的选择是否合理。

（5）规定的质量记录是否可追溯、能见证。

（6）所有职工是否养成了按体系文件操作或工作的习惯，执行情况如何。

（二）体系审核的特点

（1）体系正常运行时的体系审核，重点在符合性，在试运行阶段，通常是将符合性与适用性结合起来进行。

（2）鼓励广大职工参与，发现和提出问题。

（3）在试运行的每一阶段结束后，一般应正式安排一次审核，以便及时对发现的问题进行纠正，对一些重大问题也可根据需要，适时地组织审核。

（4）在试运行中要对所有要素审核覆盖一遍。

（5）充分考虑对产品的保证作用。

（6）在内部审核的基础上，由最高管理者组织一次体系评审。在体系正常运行后，还要不断地开展审核和评审以确保体系有效运行。

单元四 质量管理体系认证

《产品质量法》明确提出"国家根据国际通用的质量管理标准，推行企业质量体系认证制度。企业根据自愿原则可以向国务院市场监督管理部门认可的或者国务院市场监督管理部门授权的部门认可的认证机构申请企业质量体系认证。经认证合格的，由认证机构颁发企业质量体系认证证书。"

ISO 9001 质量管理体系是基于企业或团体内部流程规范建设的一个指导标准，它是从产品质量认证中演变出来的，后期发展到各个行业与领域，是全球应用最广泛的体系标准。

一、ISO 9001 体系认证作用

（一）有利于提高产品可信程度

通过体系的有效应用，促进企业持续地改进产品和过程，提升产品（或服务或流程）的效率与品质，实现产品质量的稳定和提高，增加消费者选购合格供应商产品的可信程度。

（二）有利于规范企业管理与控制能力

ISO 9001 标准鼓励企业在制定、实施质量管理体系时采用过程方法，通过识别和管理众多相互关联的活动，以及对这些活动进行系统的管理和连续的监视与控制，以生产顾客能接受的产品。此外，质量管理体系提供了持续改进的框架，增加顾客（消费者）和其他相关方满意的程度。因此，ISO 9001 标准为有效提高企业的管理能力和增强市场竞争能力提供了有效的方法。

（三）有利于增进国际贸易，消除技术壁垒

在国际经济技术合作中，ISO 9001 标准被作为相互认可的技术基础，ISO 9001 的质量管理体系认证制度也在国际范围中得到互认，并纳入合格评定的程序。取得质量管理体系认证已成为参与国内和国际贸易，增强市场竞争力的有力武器。

二、ISO 9001 体系认证条件

企业体系运行 3 个月（特殊行业 6 个月）之后，就可以向认证机构提出认证申请，申请材料如下：

（1）ISO 9001 认证申请书；

（2）质量管理体系手册、程序文件；

（3）企业简介、组织机构图、产品工艺流程图、企业职能分配表；

（4）有效的企业营业执照；

（5）如产品涉及相关行政许可的，应提供有效的相关证明；

（6）如企业产品涉及多现场生产或安装，应提供多现场清单。

三、ISO 9001 体系适用行业

所有取得合法机构身份的企业与机构均适用，包括但不限于以下企业与机构：

（1）生产类企业（含研发型、种植养殖型、加工型等）；

（2）服务类企业（贸易类、物流类、物业类、清洁类、呼叫服务、餐饮服务等）；

（3）金融类（银行、担保行业、支付行业、贷款行业等）；

（4）事业单位（医院、车站、学校等）；

（5）政府行政单位。

四、ISO 9001 体系认证流程

（1）进入认证审核程序；

（2）组成审核组；

（3）质量体系文件审核；

（4）现场审核；

（5）不合格项纠正验证；

（6）审批、注册、授证；

（7）注册的公布与公告；

（8）认证后的监督管理。

做一做

阅读相关标准，通过案例分析，增强对 ISO 9001：2015 标准的实施要点的理解，并能在以后的实际工作中，将组织的情况与 ISO 9001：2015 标准相结合。

思 考

1.《质量管理体系 要求》（GB/T 19001—2016）中的质量管理原则包括哪些内容？

2. 试述质量管理体系建立的步骤。

质量管理职能

知识结构图

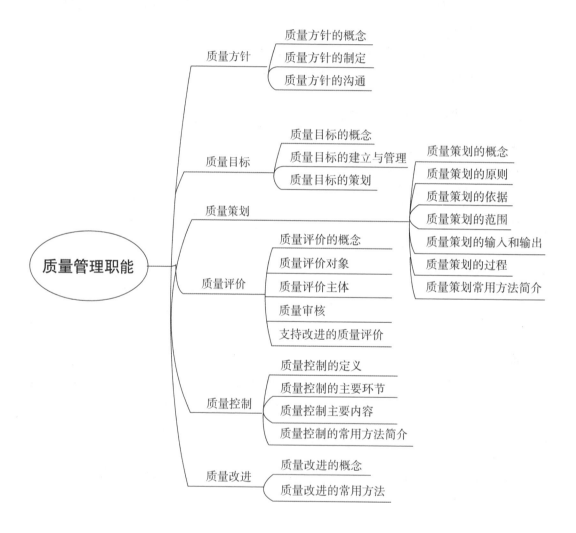

质量管理职能

- 质量方针
  - 质量方针的概念
  - 质量方针的制定
  - 质量方针的沟通
- 质量目标
  - 质量目标的概念
  - 质量目标的建立与管理
  - 质量目标的策划
- 质量策划
  - 质量策划的概念
  - 质量策划的原则
  - 质量策划的依据
  - 质量策划的范围
  - 质量策划的输入和输出
  - 质量策划的过程
  - 质量策划常用方法简介
- 质量评价
  - 质量评价的概念
  - 质量评价对象
  - 质量评价主体
  - 质量审核
  - 支持改进的质量评价
- 质量控制
  - 质量控制的定义
  - 质量控制的主要环节
  - 质量控制主要内容
  - 质量控制的常用方法简介
- 质量改进
  - 质量改进的概念
  - 质量改进的常用方法

【学习目标】

　　了解质量管理职能所涵盖的内容，掌握各项质量管理职能的作用，掌握各项职能的实操技能，培养学生从榜样中学习担当精神，脚踏实地的精神。

中国石化长城润滑油全生命周期为客户创造价值

"千里之堤溃于蚁穴"，千年以前，华夏民族祖先就用这样一个生动的比喻，诠释了质量重于泰山的朴素真理。在现代，质量不仅是品牌的立身之本，更是优秀企业必须恪守的行为准则。在3·15质量日即将来临之际，中国石化长城润滑油公布了2020年度质量检查结果：全年共接受中国石化和国家各级技术监督部门共计177批次产品抽查，中国石化长城润滑油出品润滑油脂产品全部合格。续写了10余年来数百种产品抽查100%合格的优异质量记录，为润滑行业树立了"每一滴油都是承诺"的"质量标杆"。

服务中国航天60余载　视质量为生命

润滑油是机械中流淌的黄金血液，它的性能不仅影响机械工作的效率和使用寿命，在一些重要装备和关键领域，润滑油脂的性能往往牵一发而动全身，成为项目成败的关键。中国石化长城润滑油的生产厂家前身621厂，为国家航天事业配套而生，火箭发动机、陀螺仪等关键设备，对润滑油质量有着极其严苛要求，必须做到万无一失。在服务中国航天的60余年中，中国石化长城润滑油也逐步凝聚出"视微小的产品缺陷为顾客的100%的损失，任何时候决不牺牲质量来获取效益"的企业精神，通过整个生产流程中对质量的严格把控，保障了100%零差错的航天品质。迄今为止，中国石化长城润滑油为中国航天提供了7大类50多种航天润滑产品，参与了300多次长征系列运载火箭的发射，保持着100%"零润滑事故"的优良安全记录，质量管理能力获得中国航天的高度认可（图8-1）。

图8-1　长城润滑油服务中国航天

建设先进质量体系　创造"全生命周期"价值

服务中国航天事业的光荣历程，让中国石化长城润滑油树立了深入品牌DNA的质量管理意识。而随着时代的发展和科技的进步，这种"视质量如生命"的理念，也随着品牌业务的铺开，逐步覆盖了高铁、轮船、电力、航运、汽车等领域，并逐步建立了一套行之有效、具有自我进化能力的科学质量管控体系，建立了"大质量观"，以"产品内在质量、外在质量与服务质量"高度统一的完整质量闭环，全生命周期为客户创造价值。

多年来，中国石化长城润滑油建设了行业领先的质量体系，始终坚持"质量领先一步"，标准优于国标，建立以 ISO 9001 为基础，IATF 16949（汽车行业客户特殊要求）、AS 9100（航空航天质量管理特殊要求）、《质量管理体系需求》（GJB 9001C—2017，军工行业质量体系要求）及 VDA 6.1（德国汽车工业联合会质量管理体系）为补充的质量管理体系。从产品研发、生产制造到市场营销、售后服务的全过程规范控制，保证了公司各产地的产品质量和服务质量的一致和稳定。在 2020 年疫情防控润滑保障工作中，中国石化长城润滑油严格一致的内控标准，为润滑油跨区域调动，保障前线和重点项目润滑供应发挥了关键作用，得到了用户好评（图 8-2）。

图 8-2　长城润滑油支援武汉雷神山项目建设

另外，中国石化长城润滑油在设计开发、原材料供应、生产检验环节，坚持精细严谨的过程管理，通过严格内控提升质量，保障客户价值，中国石化长城润滑油要求原材料、供应商管理实施生产件准入（PPAP），控制原料质量波动风险；新产品设计开发管理实施产品先期质量策划（APQP）、设计/过程实施失效模式和效果分析（D/PFMEA）、全过程实施质量检验（LIMS 实验室管理），控制设计开发及生产过程质量风险；设置成品检验内控指标，禁止卡边出厂，把测量偏差风险留在厂内。

质量领先一步铸就"品质长城"

从"质量领先一步"的企业质量理念，到"把偏差留在企业内部"的精细化流程管理，几十年如一日对产品质量的执着，收获了来自各界的广泛信赖。2016 年，中国石化长城润滑油获中国质量领域的最高荣誉——中国质量奖提名奖；2018 年，荣获由中宣部、国家发改委颁发的"诚信之星"称号；截至 2020 年，中国石化长城润滑油保持北京质协评选的连续 8 年质量信得过单位奖项，第三方调查报告显示，长城润滑油润客户满意度调研综合满意度为 88 分，远超行业平均水平。

今日的成果，是对未来的鞭策。中国石化长城润滑油将继续坚持"以客户为中心、质量第一"的经营理念，以高度责任感与使命感，铸就"品质长城"，不断为客户提供高质量润滑产品和服务，树立中国润滑油行业的质量名片。

（资料来源：长城润滑油官网）

◎ **思 考**

长城润滑油的成功带给我们哪些启示？

让提高供给质量的理念深入到每个行业、每个企业心目中，使重视质量、创造质量成为社会风尚。

——2017 年 2 月 28 日，习近平主持召开中央财经领导小组第十五次会议时发表重要讲话强调

单元一　质量方针

ISO 9000 族标准对质量管理的定义：在质量方面指挥和控制组织的协调的活动，这些活动通常包括制定质量方针和质量目标，以及质量策划、质量控制、质量保证、质量改进。

上述这些活动在质量管理工作实践中，自然就构成了质量管理的职能。

一、质量方针的概念

ISO 9000 族标准将质量方针定义为由组织的最高管理者正式发布的该组织总的质量宗旨和方向。

对于企业来说，质量方针首先是企业战略层面的，是企业战略经营总方针的组成部分，通常质量方针与组织的总方针一致，与组织的愿景和使命相一致，并为制定质量目标提供框架。它是企业最高管理者对自己企业产品质量提出的指导思想，以及对内对外提出的质量承诺，并最终体现在企业的文件中。

一个企业或公司形成自己的质量管理体系，质量方针起着核心指导作用；质量方针的内容一般包括产品设计质量、同供应商（服务商）的关系、质量活动的要求、售后服务、制造质量、经济效益和质量检验的要求、关于质量管理培训等。

二、质量方针的制定

企业、公司的一把手（总经理）制定、实施和保持质量方针。质量方针应该从以下几个方面制定：

（1）适应企业、公司的宗旨和环境并支持企业战略发展方向；

（2）为制定质量目标提供框架；

（3）包括满足适用要求的承诺；

（4）包括持续改进质量管理体系的承诺。

三、质量方针的沟通

（1）企业将质量方针在企业内部会议进行宣讲、沟通；
（2）对全体员工做好宣贯；
（3）确保员工能够准确理解其含义并在工作中贯彻落实；
（4）在与相关方沟通时，向相关方说明企业质量方针。

 知识链接

某个为汽车制造企业提供全方位物流服务的第三方物流企业的质量方针

质量方针

精益管理　规范运作　顾客满意　持续改进

质量方针的内涵简述如下：

精益管理——汽车零部件从供应商处开始，以最快的时间、最少的环节、最合理的运输、最少的资源、最低的周转储量，配送至流水线旁，保证生产。

规范运作——提高物流运作中运输与仓储的有效资源利用率和组织管理水平；保护零部件在物流作业过程中的品质；满足先进先出的物流原则；满足 JIT 物流组织和看板管理的要求；满足物流管理定置定位的要求；满足整个供应链物流实施过程各环节兼容、统一、高效的要求。

顾客满意——顾客是我们的衣食父母，要树立强烈的顾客意识；急顾客之所急，想顾客之所想，确保满足顾客的要求，增强顾客满意；理解、掌握顾客新的需求和期望，确保满足顾客的需求并争取超越顾客的期望。

持续改进——永不满足，不断提高公司整体素质，不断提高服务质量和改进服务；领导推动，全员参与，持续改进质量管理体系的有效性，争创最好。

单元二 质量目标

一、质量目标的概念

质量方针是企业战略层面的、宏观的质量宗旨，其可操作性不强。因而，在质量方针指导下，与其对应的质量目标就应运而生了。

质量目标，通常定义为在质量方面所追求的目的的具体化内容。其具有从微观处着眼、可操作性强的特点。

从质量管理学的理论来说，质量目标的理论依据是行为科学和系统理论。以系统理论作为指导，以贯彻企业质量方针、实现企业总的质量目标出发，去协调企业各部门乃至每一个人的活动，这就是质量目标的核心思想。

二、质量目标的建立与管理

（1）企业一把手（总经理）负责制定企业质量目标。

（2）企业质量管理部门组织各部门依据企业质量目标和部门职责建立部门质量目标，制定切实可行的保证措施，做到至少每季度检查一次质量目标的实施情况，以确保企业质量目标的实现。

（3）质量目标应建立在企业质量方针的基础上，在质量方针设定的框架内展开，其内容应具体、可测量、要适用，经过努力可实现。

（4）质量目标的内容应涉及产品、服务的具体特性，符合适用的法律、法规和技术标准的要求，增强顾客满意的指标等，同企业质量方针保持一致，并反映对持续改进的承诺。

（5）企业质量管理部门对各部门的质量目标运行情况做好监督和沟通，并依据环境变化、时间的推移适时评价更新，确保运行的有效性。

三、质量目标的策划

（1）为了确保质量目标的实现，要求各部门在策划目标的实现时，应确定好以下5个方面：

① 做什么；

② 所需的资源；

③ 责任人；

④ 完成的时间表；

⑤ 结果如何评价。

（2）产品和服务的质量目标应体现在标书、合同中，确保质量目标的实现。

（3）在产品和服务运行策划和实施过程，即过程绩效中考虑、确定相关的质量目标。

（4）企业在适当时间对各部门的质量目标进行评价、评审，既要对已实现的质量目标进行评价、评审，同时也要分析未实现质量目标的原因和应采取的纠正措施，做好持续改进。

（5）当企业的质量方针、战略方向及组织的环境发生变化时，当技术指标、顾客对产品和服务质量要求、组织的技术水平、创新能力提高时，都要对质量目标进行更新，以确保质量管理体系有效运行水平和过程业绩水平不断提高。

 知识链接

某个为汽车制造企业提供全方位物流服务的第三方物流企业的质量目标

质量目标

公司 2010—2012 年的质量目标：

（1）提高质量管理体系的有效性，在外部审核中，不出现严重不符合项；

（2）送线零件质量合格率 ≥ 96%；

（3）料箱料架码放正确率 ≥ 96%；

（4）配送及时率 ≥ 97%；

（5）设备（卡车、叉车、拖车、天车）完好率 ≥ 92%；

（6）库存准确、库存信息上报及时、完整率 ≥ 96%，逐年提高 0.5%；

（7）顾客满意度 ≥ 96%，逐年提高 0.5%；

（8）全年不发生重大交通安全事故。

质量目标的管理规定：

（1）公司每年制定年度质量目标，以保证质量目标的落实。各部门要建立本部门的年度质量目标。

（2）各部门每季度对质量目标的实现情况进行检查，每季度进行考核。

（3）在管理评审中，必须对质量方针和质量目标的实现情况进行评审，以评价质量管理体系的有效性和适宜性。

（4）重大交通安全事故按国家相关规定界定。

单元三 质量策划

质量策划是质量管理的首要职能，其结果对后续的质量控制、质量评价、质量改进等质量管理活动产生深远影响。

质量管理大师朱兰（J.M.Juran）曾提出了著名的朱兰质量管理三部曲：

第一步：质量策划。根据内外环境制定质量目标和计划，同时为保证目标实现配置资源。

第二步：质量控制。致力于满足规定要求，若不符要求则采取措施。

第三步：质量改进。致力于提供满足规定要求的能力。

一、质量策划的概念

ISO 9000 族标准给出的质量策划的定义：质量策划是质量管理的一部分，致力于制定质量目标并规定必要的运行过程和相关资源以实现质量目标。

质量策划通常包括产品策划，过程、产品实现、资源提供和测量分析改进等诸多环节的策划。

针对质量策划提出的要实现质量目标，如何实现呢？这就需要有相关的作业过程、措施等来实现，包括"5W1H"，即

What（做什么？目标与内容）；

Why（为什么做？原因）；

Who（谁来做？人员）；

Where（何地做？地点）；

When（何时做？时间）；

How（怎么做？方式、手段）。

二、质量策划的原则

（一）层次性

质量策划按组织层次可分为战略层质量策划、管理层质量策划、执行层质量策划、操作层质量策划。

（二）系统性

质量策划是一个复杂的工程，需要纳入一个系统，从系统的角度去考虑。

（三）可考核性

可考核性是指策划的质量目标是可考核的，需要将质量目标具体量化。

（四）可操作性

可操作性是指质量策划所设定的质量目标不能脱离实际，不能过高，否则无法实现。

（五）权变性

权变性方法是要求根据事件、时间、地点、人的不同而采取灵活变通的管理方法。

三、质量策划的依据

（1）顾客和相关各方的需要和期望；

（2）质量方针；

（3）组织内外部环境；

（4）标准和规范。

四、质量策划的范围

（一）质量体系的策划

由最高管理者负责，设立目标、确定要素、分配职能、建立框架、设计蓝图。

（二）质量目标的策划

任何质量策划都需有质量目标，业绩控制、任务控制。

（三）质量过程的策划

重点在于规范必要的过程和相关的资源。

（四）质量改进的策划

一次质量改进策划只可能针对一次质量改进项目。

五、质量策划的输入和输出

（一）质量策划的输入

（1）顾客和其他相关方需求和期望；

（2）质量方针或上级质量目标的要求；

（3）策划内容有关的业绩或成功经历；

（4）过去的经验教训；

（5）存在的问题或难点；

（6）质量管理体系已明确规定的相关要求或程序。

（二）质量策划的输出

（1）输入的简单表述、现状、目标、差距；

（2）通过质量策划设定的质量目标；

（3）确定各项工作措施（各种过程）及负责部门与人员（职责和权限）；

（4）确定实现的资源、方法和工具；

（5）确定其他内容（其中质量目标和各项措施的完成时间必不可少）。

六、质量策划的过程

质量策划的过程：设定质量目标—明确实现质量目标的路径—确定相关职责和权限—确定所需资源—确定实现目标的方法和工具—制定考核形式与时间节点—输出质量计划文件。

七、质量策划常用方法简介

（一）先期产品质量策划法

先期产品质量策划（APQP）法是质量管理人员必须掌握的质量管理五大工具之一。

APQP 是一种结构化的方法，用来确定和制定确保某一产品使顾客满意所需的步骤。它引导资源，使顾客满意；它促进对所有更改的早期识别；它可避免后期更改；它以最低的成本提供优质产品。

（二）质量功能展开法

质量功能展开（QFD）的定义：将顾客的需求转化为对应于产品开发和生产的每一阶段（市场战略、策划、产品设计与工程设计、原型生产、生产工艺开发、生产和销售）的适当的技术要求的途径。

具体过程：了解顾客要求—策划产品—制造产品—满足顾客要求。

单元四　质量评价

质量评价是质量管理的一项职能；质量评价源自质量审核，其评价结果是质量策划、质量控制、质量改进、质量保证等质量活动的重要依据。

质量评价的历程：质量审核—质量奖评价—支持改进的质量评价—卓越绩效（未来）。

一、质量评价的概念

根据质量评价的概念的发展，可以给出质量评价的定义：质量评价是为达到特定目的评价主体采用相应的标准与方法评判特定对象（如组织的质量体系、过程或产品）的一组固有特性，从而得出评价结果的过程。

质量评价的对象指产品、过程、组织质量体系的一组固有特性。

质量评价主体一般由顾客、组织方评估团队和第三方专业评价机构组成。

质量评价标准是根据评价目的：反映评价对象一组固有特性的量表。

质量评价结果可以包括评价对象是否满足要求、与标准的比较结果等。

质量评价具有以下特点：

（1）独立性。指执行评价的机构和人员具有独立性。

（2）客观性。评价应采用客观标准、客观证据。

（3）一致性。首先是指评价标准的一致性，其次是指评价结论的一致性。

（4）系统性。质量评价是一个系统的过程，为了实现评价目标，需要应用系统方法。

二、质量评价对象

（一）产品

以产品为对象的质量评价称为产品质量评价，是指从顾客的观点出发，由已经加工完毕并通过检查和试验、等待发运的产品中，对其产品质量进行抽样评价，以确定可以达到顾客满意。

（二）过程

以过程为对象的质量评价称为过程质量评价，也称为工序质量评价，是为了研究和改善过程质量控制状态，独立地、系统地、有计划地对过程控制计划的质量、实施效果进行评价的活动。

（三）质量管理体系

以质量管理体系为对象的质量评价可以简称为质量体系评价。它是企业本身或外部对企业实施质量体系（或其要素）能否有效地达到规定的质量目标和顾客的要求，所进行的有计划的、独立的、定期的评价活动。

三、质量评价主体

质量评价的主体包括组织、顾客、第三方专业机构。以组织内部为主体的质量评价，称为第一方评价；以顾客为主体的质量评价，称为第二方评价；以第三方专业机构为主体的质量评价，称为第三方评价。

"第一方评价"属于内部质量评价；"第二方评价""第三方评价"属于外部质量评价。

四、质量审核

质量审核被称为"以质量保证为目的的质量评价"或"取信顾客的质量评价"；通过文件审核与现场审核等方式，评判组织的质量体系是否满足质量标准。

质量审核分为第一方质量审核、第二方质量审核、第三方质量审核。第一方质量审核，主要是内部质量保证；第二方质量审核，主要是外部质量保证（体现使用方利益）；第三方质量审核，主要是获得体系认证。

五、质量奖评价

质量奖评价又称展示优秀的质量评价。目前，世界上有 3 大质量奖，分别为 1951 年日本设立的戴明质量奖、1988 年美国设立的波多里奇质量奖、1991 年欧洲质量组织设立的欧洲质量奖。我国于 2001 年设立了全国质量奖，2012 年设立了中国质量奖。

六、支持改进的质量评价

管理 TQM 活动是最有代表性的支持改进的质量评价，TQM 就是指全面质量管理；TQM 是从早期的 TQC 演化而来，TQC 是指全过程质量管理。TQC 和 TQM 的比较见表 8-1。

表 8-1　TQC 与 TQM 的比较

比较项目	全过程质量管理（TQC）	全面质量管理（TQM）
基点	要求管理者必须着眼于细节，从细节找到解决问题的关键	满足市场对质量的诉求，意在建立企业的核心竞争力
地位	战术决策	战略规划
范围	微观	宏观
强调	控制	管理

美国的 TQM 活动以利润为中心，通过将生产过程中与质量有关的各个部门联系起来，形成一个紧密的 TQM 系统，以求获得最低的质量成本。

日本的 TQM 活动以质量改进为中心，包括物、事和人的质量管理。

质量控制是质量管理的另一项职能，是日常质量管理活动中至关重要的一个环节。

一、质量控制的定义

质量控制是质量管理的一部分，致力于满足质量要求的活动。质量控制的目标是确保产品、体系、过程的固有特征达到规定要求的核心步骤。在企业领域，质量控制主要体现在企业内部的产品制造现场的质量管理活动。

在企业内的质量管理活动中，将那些需要重点控制的对象或实体称为质量控制点。对产品的适用性有严重影响的关键特性（重要影响因素）、对工艺上有严格要求的关键质量特性（部件）、质量过程不稳定出现不合格的项目、客户反馈的重要不良项目、紧缺物资可能对生产安排产生重大影响的关键项目等，均应设立质量控制点。

二、质量控制的主要环节

（1）制定质量控制操作规程。

（2）编制质量控制计划。

（3）巡视与质量评估。

（4）质量问题分析。

（5）提出问题解决方案。

（6）质量控制信息汇总存档。

三、质量控制主要内容

（一）产品

产品是过程的结果，通常可分为服务、软件、硬件、流程性材料等产品类别。

（二）过程

过程是将一组输入转化为输出的相互关联或相互作用的活动。过程一般分为两类：一类是输出结果是否合格能够且能经济地进行验证的过程，可以称为普通过程；另一类是输出结果是否合格不易或不能经济地进行验证的过程，通常称为特殊过程。

（三）质量管理体系要素

质量管理体系要素主要包括质量管理队伍、质量发展战略、质量计划、组织结构、组织资源等。

四、质量控制的常用方法简介

（一）四检法

四检法包括自检、互检、抽检、巡检。

（1）自检。自检是对自己作业工序上的产品按质量标准进行的检验。

（2）互检。互检是指相邻工序上的作业人员相互检验对方的产品。

（3）抽检。抽检是指质量管理人员定时或不定时的随机性抽样检验，分可定时抽检和不定时抽检，定量抽检和不定量抽检，或各种方法混合使用。

（4）巡检。巡检是指基层管理人员（如班组长）的随机性抽样检验，巡检时应特别注意品质问题的多发工序和工种点。

有些企业也称为三检法，即自检、互检、专检（抽检、巡检）。

（二）系统图法

系统图法是指系统地分析、探求实现目标的最好手段的方法。把要达到的目的和所需要的手段，按照系统来展开，按照顺序来分解，画出图形，对问题有一个全貌的认识。从图形中找出问题的重点，提出实现预定目的最理想途径。

系统图法的主要应用方面如下：

（1）在新产品研制开发中，应用于设计方案的展开；

（2）在质量保证活动中，应用于质量保证事项和工序质量分析事项的展开；

（3）应用于目标、实施项目的展开；

（4）应用于价值工程的功能分析的展开；

（5）结合因果分析图，使之进一步系统化。

（三）质量问题追溯法

质量问题追溯是指对企业经营中，一切可能发生或已经发生的质量问题，就其产生的原因、地点、范围、解决方法与途径、解决后的问题跟踪等的溯源探讨与实践。

质量问题追溯法分为逆流上溯法、顺流而下法、随机抽查法、图上作业法、成品分析法、产品对比法。

（四）调查表法

调查表又称检查表、统计分析表等，是最古老、最简单的控制方法，比较粗放。

（五）因果图法

因果图又称特性因素图、鱼骨图、石川图，是寻找造成质量问题原因的一种简明有效的方法。

因果图由特性、原因、枝干3部分构成。首先找出影响质量问题的大原因，然后寻找到大原因背后的中原因，再从中原因找到小原因和更小的原因，最终查明主要的直接原因（图8-3）。

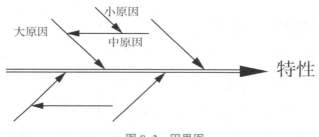

图 8-3 因果图

（六）排列图法

排列图又称主次因素分析图或帕累托图，其由两个纵坐标、一个横坐标、几个直方块和一条折线所构成（图 8-4）。

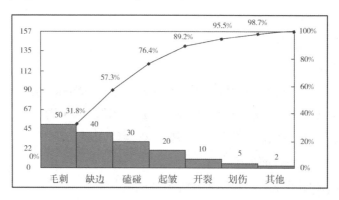

图 8-4 帕累托图

（七）直方图法

直方图是用一系列宽度相等、高度不等的矩形来表示数据分布的图（图 8-5）。

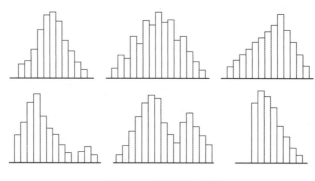

图 8-5 常见的直方图

（八）分层法

分层法又称分类法，是质量管理中常用来分析影响质量因素的重要方法。所谓分层法，是一种分析程序，描述了对一组数据的系统的分解。

（九）其他方法

其他方法有散布图法、控制图法、箭线图法、KJ 法（亲和图法）、PDPC 法（过程决策图法）、矩阵法等。

单元六 质量改进

质量改进是质量管理活动中，非常重要的一项质量职能。企业为达到顾客满意，必须提高自己产品质量。因此，必然组织质量改进活动，进而改进自己产品、过程、质量管理体系方面的薄弱环节。

一、质量改进的概念

ISO 9000 族标准给出的质量改进的定义：质量改进是质量管理的一部分，致力于增强满足质量要求的能力。它是一个企业持续改进和提高的过程。

（一）质量改进目标

质量改进目标应具有以下 3 个方面特点：

（1）目标应具体，且应可考核；

（2）目标应具有挑战性，且应通过努力可以实现；

（3）目标应明确易懂，为相应的员工所理解并取得共识。

质量改进目标应遵循以下 8 项基本原则：

（1）顾客满意原则；

（2）系统改善原则；

（3）突出重点原则；

（4）水平事宜原则；

（5）项目制原则；

（6）持续改进原则；

（7）主动改进原则；

（8）预防性改进原则。

（二）质量改进途径

质量改进途径有员工改进、过程改进、组织改进。

（三）质量改进策略

（1）渐进型质量改进：改进步伐小，改进频繁。

（2）突破型质量改进：时间间隔长，改进目标高，每次改进投入大。

二、质量改进的常用方法

（一）PDCA 循环

PDCA 循环又叫作戴明环，起源于 20 世纪 20 年代，著名的统计学家沃特·阿曼德·休哈特引入了"计划—执行—检查"（Plan-Do-Check）的雏形，后来戴明将循环进一步完善，发展成为"计划—执行—检查—处置"（Plan-Do-Check/Study-Act）这样一个质量持续改进模型。它是全面质量管理所应遵循的科学程序。

P：Plan，计划、策划；

D：Do，执行、行动、实施；

C：Check，查核、检查、论证、分析；

A：Action，处置、处理、改进。

这种循环是能使任何一项活动有效进行的合乎逻辑的科学的工作程序，它不仅能控制产品质量管理的过程，同样可以有效控制工作质量和管理质量，已经在各领域的工作中得到广泛应用（图8-6）。

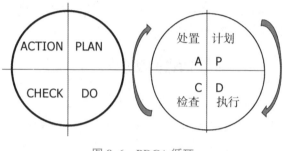

图8-6　PDCA循环

PDCA循环特点如下：

（1）大环套小环，小环保大环，互相促进，推动大循环；

（2）PDCA循环是爬楼梯上升式循环，是螺旋式循环，每转动一周，质量就提高一步；

（3）A阶段是上下循环的结合点，A阶段是关键。

（二）业务流程再造（BPR）

BPR定义：BPR是对企业的业务流程做根本性的思考和彻底重建。其目的是在成本、质量、服务、速度等方面取得显著的改善，使企业能最大限度地适应以顾客、竞争、变化为特征的现代企业经营环境。

业务流程再造（BPR）的特点如下：

（1）彻底改变思维模式；

（2）以过程为中心进行系统改造；

（3）创造性地应用信息技术。

BPR方式与传统方式的比较见表8-2。

表8-2　BPR方式与传统方式的比较

传统方式	BPR方式
职能领域最佳化	流程业务最佳化
由核心小组驱动最大	由流程改革家驱动最大化
对所有分析单位采用"平均"的目标	流程改革的个人承诺
逐步改善	以核心流程为导向的根本性改革
注重要领开发	注重实施

（三）头脑风暴法

头脑风暴法又称脑力激荡法、智力激励法、BS法、自由思考法，是由美国创造学家A·F·奥斯本于1939年首次提出、1953年正式发表的一种激发性思维的方法。头脑风暴法是快速、大量寻求解决问题构想的集体思考方法，目的是通过找到新的和异想天开的解决问题的方法来解决问题。

头脑风暴法是运用集体的智慧构建出大量想法的技术，在无拘无束的环境下挖掘头脑的创造力。

运用头脑风暴法组织会议针对某一主题，营造自由愉快、畅所欲言的气氛，让所有参加者自由提出想法或点子，并以此相互启发、相互激励、引起联想、产生共振和连锁反应，从而可以诱发更多的创意及灵感。

头脑风暴法4大原则如下：

（1）自由奔放去思考；

（2）拒绝批评（会后评判）；

（3）多多益善（以量求质）；

（4）"搭便车"（见解无专利）。

（四）其他方法

其他方法包括因果图、排列图、调查表、分层图、流程图、直方图、散布图、树图、控制图等质量改进方法。

【企业案例】

某个为汽车制造企业提供全方位物流服务的第三方物流企业的年度质量专题会汇报材料案例。

年度质量专题会汇报材料（2014.12.6）

一、公司目前存在的质量问题及解决措施

质量问题分类如下：

（1）轮胎装配：轮胎气压、轮胎动平衡、轮辋磕碰划伤、轮辋补漆、装配工艺；

（2）仓储配送：先进先出、零部件配送问题；

（3）工位器具：转运工位器具损坏较多，未及时修复，造成零件磕碰划伤；

（4）其他问题：外地子公司反馈的问题、质量意识、橡胶件更改日期、超期件管理。

（一）轮胎气压不能满足标准要求

1.问题描述

（1）2014年9月11日，集团质量部下发质量信息预警单，对轮胎气压不符合标准要求进行预警；

（2）经调查发现，我公司轮胎气压标准为7.5~8.5个大气压，而国标中轮胎气压标准为 8.1~8.5 个大气压；

（3）11 月 28 日，集团质量部按气压标准对轮胎气压进行稽查，已装车轮胎气压合格率为 45%，轮胎分装车间气压合格率为 77.5%；

（4）12 月 1 日生产调度会对我公司气压问题进行通报。

2. 难点

（1）现有轮胎装配设备无法对轮胎气压进行精确控制；

（2）缺乏轮胎气压测定标准。

3. 解决措施

（1）与集团质量部进行沟通，在气压设备未到位前继续按照旧标准执行，同时加大对轮胎气压的自检比率；

（2）轮胎气压控制设备到位后，严格按照标准要求进行气压控制；

（3）我公司技术部与集团工艺、研发部门进行沟通，确定轮胎气压测定标准。

轮胎气压测量如图 8-7 所示。

（二）动平衡不符合标准要求

1. 问题描述

（1）6 月 5 日，集团质量部对轮胎装配进行过程审核时发现动平衡操作未能严格按照工艺要求进行，内外侧单边不平衡差值远远大于规定值（0~63 g）；

（2）经分析确认，现有的动平衡机无法满足工艺要求的精度，需更换动平衡机设备；

（3）集团质量部在 10 月质量例会上通报轮胎动平衡不符合标准要求。

2. 解决措施

（1）北厂已投入 150 多万元对动平衡机进行了改造，于 2015 年 4 月到位，目前已与集团质量部达成一致，从 2015 年 4 月开始严格按照工艺要求进行检查；

（2）组织我公司工艺、设备、质量方面人员对动平衡操作工定期进行培训、考试（已开始执行）；

（3）轮胎运作加大对轮胎动平衡的抽检力度，同时不定期对轮胎动平衡进行检查（已开始执行）（图 8-8）。

图 8-7　轮胎气压测量

图 8-8　动平衡抽检

（三）轮辋磕碰划伤现象严重

1. 问题描述

（1）轮辋磕碰划伤问题历来被集团质量部所关注，曾多次以质量信息联系单的形式向我公司反馈；

（2）经分析，轮辋磕碰划伤主要原因：手工装配过程钢圈磕碰划伤、到货轮辋磕碰划伤、装配过程中因设备、人为等原因造成磕碰划伤、转运过程中未进行外观质量防护造成磕碰划伤。

轮辋磕碰划伤如图 8-9 所示。

图 8-9　轮辋磕碰划伤

2. 难点

（1）轮辋包装为叠放，在运输过程中极易磕碰划伤；

（2）轮胎装配设备老旧、人为操作不规范；

（3）运输外观质量防护不到位，责任交接不清（转运和上线过程外观质量防护实验未成功）。

3. 解决措施

（1）与集团质量部沟通，由质量管理部在到货时对轮辋外观质量进行检查、处理；

（2）针对装配、转运、配送过程中造成的轮辋磕碰划伤已制订整改计划，目前正按计划推进（见《轮胎磕碰划伤整改计划》）；

（3）组织工艺、设备、质量人员定期对轮胎装配工进行培训、考试；

（4）由入厂物流部牵头，制定转运过程交接流程，明确责任划分。

（四）轮辋补漆未能按照工艺要求进行操作

1. 问题描述

（1）集团质量部曾多次反馈轮胎补漆出现流挂、涂抹等现象，11月集团质量部通报轮辋补漆出现严重的色差、流挂现象。

（2）经调查分析，轮辋补漆出现色差是由于供应商到货颜色不一致，轮胎运作在补漆时没有色板导致；流挂、涂抹现象是由于轮胎运作未能严格按照补漆工艺进行作业造成。

（3）目前轮胎运作在装配线旁进行补漆作业，易造成遗漏。

2. 难点

（1）目前工艺执行力度不够，未能对工艺的执行情况进行检查；

（2）在车辆装配环节易出现磕碰划伤，需多次补漆，易造成遗漏。

3. 解决措施

（1）与集团质量部进行沟通，由集团质量部督促供应商解决色差问题，同时将补漆作业放至调试车间，避免出现遗漏；

（2）由工艺人员对轮胎补漆工进行定期培训、考试；

（3）加强工艺纪律检查，落实工艺文件执行。

轮辋补漆未按工艺要求进行操作，如图8-10所示。

图8-10 轮辋补漆未按工艺要求进行操作

（五）装配工艺

1. 问题描述

（1）2014年工作中发现，我公司在工艺制定、执行方面存在一定的缺陷，如轮胎工艺与图纸不符、补漆工艺未能得到彻底执行、内胎分装工艺执行力度不足等问题；

（2）在小总成分装方面，我公司工艺与集团工艺、研发沟通机制不健全，不能及时获取工艺信息，如挡泥板漏装压板。

2. 解决措施

（1）加大对装配过程的监控、考核力度；

（2）增加工艺员1名，一方面加强工艺管理，另一方面进一步培养作为返聘工艺员的后备人员；

（3）我公司技术部改变被动的局面，对所有工艺重新进行梳理，理清工艺存在的问题并一一解决；

（4）与集团工艺、研发建立有效的沟通机制；

（5）加强工艺纪律检查，落实工艺文件执行。

（六）先进先出

1. 问题描述

（1）自5月以来，集团质量部工位稽查中反馈先进先出问题11起；

（2）从9月开始，我公司联合大检查加大对先进先出问题的检查力度，共发现15起违反先进先出原则的现象，涉及橡胶管、线束、密封条、转向油缸、前照灯总成、膨胀水箱、波纹管等零件；

（3）先进先出问题整改及积压件、超储件的处理进度较为缓慢。

2. 难点

（1）对先进先出原则重视程度不足，未能按照码放规则进行码放（图8-11）；

图 8-11　库房零件生产日期为 2012.5，
装配线旁为 2014.7

（2）大量超期零件储存在库房，干部对危害性认识不足。

3. 解决措施

（1）各运作单元对库区存储零件进行梳理，按照先进先出原则进行码放；

（2）各运作单元及时发现库区内的积压件、超储件，并进行隔离、标识，同时上报集团采供、质管部门进行处理；

（3）由账务部门牵头，不定期对库区内先进先出情况进行稽查。

（七）零部件配送问题

1. 问题描述

（1）在零部件配送方面存在的问题主要有工艺单缺失、零件堆放、磕碰划伤、露天存放未防护导致锈蚀、超量配送、混放等（图 8-12）；

图 8-12　零部件配送方面存在的问题

（2）针对此类问题，我公司管理部门推动《质量管理提升方案（一）》和运行质量提升工作，杜绝了叉车裸送等问题，其他问题也得到有效控制，但尚未能得到完全杜绝。

2. 难点

各运作单元对质量问题重视度不够，执行力不足，对质量问题整改不彻底。

3. 解决措施

（1）建立奖惩结合的质量激励机制，加大对重复发生的质量问题的处罚力度；

（2）推动质量管理进班组活动，改变基层员工对质量的认识，提升基层员工对质量问题的关注度；

（3）各运作单元强化内部管理，加强自检力度，确保质量问题不重复发生。

（八）工位器具问题

1. 问题描述

转运工位器具质量问题较多，质管部工位稽查中反映，10月工位器具的合格率为68.8%，11月份工位器具的合格率为78%（图8-13）。

图8-13 工位器具胶条损坏

2. 难点

（1）维修材料到位不及时、维修工作量较大等多种原因导致工位器具维修不及时；

（2）供方工位器具损坏后不能及时维修；

（3）部分零件无工位器具，需协调有关部门共同完成。

3. 解决措施

（1）根据工位器具现状，识别工位器具管理中存在的问题并制订整改计划，同时定期跟踪整改进度，并及时反馈集团质量部；

（2）公司技术部与集团制造部门沟通，对无工位器具的零件制作工位器具；

（3）推广新产品从生产准备环节设计、制作工位器具，规范包装；

（4）公司入厂物流部加大对工位器具的检查力度，确保工位器具完好，避免零件出现磕碰划伤。

（九）外地子公司反馈的质量问题

1. 问题描述

（1）外地子公司曾多次反馈运输过程中零件外观质量损伤，如反馈桥、驾驶室磕碰划伤严重；

（2）子公司在仓储过程中零件磕碰划伤，如反馈项目组库房内变速箱磕碰划伤严重。

2. 难点

（1）运输过程外观质量防护缺乏相应的管理规定及防护标准；

（2）子公司项目组质量管理水平不足。

3. 解决措施

（1）协助运输业务部建立运输过程外观质量防护管理规定、检查机制和整改机制；

（2）公司技术部协助运输业务部建立外观质量防护标准；

（3）运输业务部加大对运输过程外观质量的检查力度；

（4）与各外地子公司建立沟通渠道，及时了解运输、仓储配送过程中存在的问题，加大对此类问题的考核力度。

（十）其他问题

1. 问题描述

（1）各运作单元对质量认知不清，在发现质量问题时不能认识到问题的严重性，同时存在部分干部对涉及质量的问题意识不强，往往使小问题变成大问题，导致质量管理工作极为被动；

（2）在 ALQ 爆胎事故后，公司组织相关部门对库区内过期件进行了梳理并上报，目前处理进度较为缓慢；

（3）部分胶管供应商私自更改胶管生产日期，同时，在客户走访过程中也反馈出供应商将更改生产日期后的产品到货，目前公司已发现 3 起，均已上报集团质量部进行处理；

（4）在联合大检查过程中发现部分物资已过期，目前已以工作联系单的形式反馈给有关部门，该部门已将此批物资进行报废。

2. 解决措施

（1）各运作单元要高度重视质量工作，在发现质量问题后及时上报公司质管部门，由质管部门组织处理；

（2）各运作单元加大对到货生产日期的检查力度，对生产日期存在疑义的零件，及时上报质管部门；

（3）各运作单元对库区内物资进行全面检查，及时发现、处理过期物资，同时建立动态处理机制。

二、承担的专项重点质量工作

（1）10 月质量例会上，集团质量部通报了 32 项问题，其中零部件配送管理问题由我公司牵头组织整改。我公司根据零部件配送管理现状识别出 4 大类 24 项问题，并上报集团质量部。公司每周对整改计划进度进行跟踪，并上报集团质量部，目前 16 项问题已按期完成，其余 8 项未到期；同时，车辆底盘件早期锈蚀问题由我公司承担转运过程零件外观质量控制工作，目前已按计划完成，正准备相关结项资料，计划于本周上报集团质量部（见《零部件配送管理问题改进计划》）。

（2）按照集团质量部安排，我公司承担的"精品工程"中零部件配送工作。按照要求，我公司对质量控制前移项目进行立项并上报集团质量部，目前已完成接收、仓储环节的项目推进工作，预计将于 12 月 10 日完成配送环节的项目推进工作，确保物料交接合格率达到 95% 以上（见《"精品工程"立项书》）。

三、2015 年质量工作思路

（1）在绩效考核中加大对质量工作的考核比重，如 KPI 考核和增效工资考核。从建立质量控制机制、检查机制、整改机制等方面加大对集散发运、转运过程的质量控制力度，确保转运过程及发往子公司的零件外观质量完好。

（2）从设备改造、工艺制定、质量保证方面完成轮胎装配质量提升工作，确保轮胎气压符合标准，动平衡符合工艺要求，同时推动东厂轮胎 100% 做动平衡工作。

（3）推动质量管理进班组工作，通过设立"质量明星个人"和"质量明星班组"，提高基层员工对质量管理的重视程度，从根本上解决质量问题。

设立专项质量奖励基金，建立质量激励机制，提升干部员工对质量工作的积极性。

增加接收环节初检流程，由简单的报验转变为对有保质期限产品生产日期初检的检验流程。

（4）建立积压物资动态处理机制，每季度向各采购单元反馈新的积压明细，并分库区制订消化计划，同时对控制、执行情况进行监督，并将积压物资处理情况纳入相关干部的增效工资考核。

（5）加强联合大检查对所有质量问题（如先进先出、零部件磕碰划伤等）的查处力度。

（6）强化工位器具维修及时性，确保上线工位器具完好率90%以上，同时，推动东、北厂所有供应商工位器具进入系统管理，提升工位器具账务管理水平。

（7）结合优化库存结构工作，确保所有运作单元按照先入先出原则执行率大幅度提升。

◧◫ 做一做

1. 对上述实际案例认真分析，看看分别在哪方面囊括了哪项质量管理职能？

2. 通过该案例，理解质量管理的内涵，掌握质量工作的方法。

3. 通过该案例，明确抓质量就是抓细节，细节决定成败。

⊙ 思 考

1. 实现质量策划的"5W1H"的内容有哪些？

2. 什么是TQM、TQC？两者的区别有哪些？美国、日本的TQM分别以什么为中心？

3. 什么是PDCA循环？详述PDCA循环的特点。

4. 质量管理的五大工具是什么？

模 块 九

09

质量成本管理

知识结构图

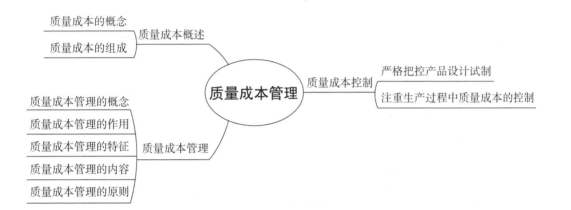

【学习目标】

通过学习了解质量成本的概念，明确质量成本管理的作用，能够识别不同类型的质量成本，掌握控制质量成本的方法，培养学生合理利用与支配各类资源的能力，体现把个人理想追求融入国家民族事业中的社会责任感和历史使命感，告诫学生无论做任何事情，不能投机取巧。

工程项目管理中的质量成本

A单位信息应用系统工程项目（A项目）通过招标方式选择承建单位，B公司以1 800万元的标底获得A项目工程合同。

A项目包含1 000万元设备采购安装和800万元软件开发费用。其中，设备采购安装预计有150万元利润，B公司渴望通过A项目的建设能够获得600万元纯利润。为了能够最大限度地获取利润空间，B公司在组建项目小组制定工程费用预算的时候，尽力压缩工程费用预算。B公司安排刘工担任A项目的项目经理，刘工在对项目进行工作分解的基础上，制订了工程实施资源计划，编制了项目实施预算经费。根据刘工的预算，项目实施经费预算（人员工资、差旅费、会议费、行政管理费等）为220万元，其中人员工资占了很大比例，为150万元，B公司领导在审核经费预算的时候，认为人员工资所占份额太大，要求刘工将人员工资预算减少为120万元，并列入对刘工的绩效考核指标。

由于人员工资预算的减少，刘工面临两种选择，要么将招聘软件工程师的能力等级降低，要么减少项目组成员数量。刘工在权衡利弊后采取降低项目组成员工资的方法。为此，刘工所组建的项目小组有8人没有达到刘工预期的技术资质等级。

A项目经过18个月（延期3个月）的建设周期，项目建设完成并交付用户使用。B公司也如愿以偿地获得了预期的利润，项目实施经费190万元，预提项目维护经费60万元（两年免费维护），商务费用50万元，超期3月赔偿A公司15万元，B公司认为实现的利润635万元，已经达到了计划的目标。

项目验收交付使用后，B公司为项目维护配备2位工程师，每位工程师工资加管理成本共计10万元/人年，其他辅助设备购置10万元/年。但是，A项目的运行维护并不像B公司想象得那样好，由于A项目定制软件的质量存在很多隐患、缺陷，如软件代码质量差，导致系统运行效率低；技术文件缺乏或文件与实际情况不相符等；这些问题使得A项目的维护工作难以高质量地开展，经常给A单位的业务开展带来不良的影响。A单位要求B公司必须得保证系统运行，不能影响A单位业务的开展，否则B公司将被追究法律责任。这样，B公司的两位维护人员长时间处于救火式工作方式，疲于奔命，仍然维护不好A项目，在A单位多次严厉追问后，B公司不得不增加一位熟练的软件工程师来配合A项目的运行维护。这样，在两年的系统维护中，因增加一位工程师而多支出了25万元维护费用。一次，由于自己员工的失误，当然，A项目应用软件系统中隐藏的缺陷也是导致问题发生的原因之一，使得A项目的运行瘫痪了。由于要应急修复A项目应用系统，A单位付出了约10万元应急费用，B公司也付出了8万元应急费用。而且，由于系统的瘫痪，使A单位的业务停止了一整天，给A单位造成了严重损失和不良影响，A单位按照合同约定，向B公司提出了50万元索赔要求。A 单位认为 B 公司的软件工程能力存在问题，决定在新的工程项目的建设中，不再将 B 公司作为候选合作伙伴。

（资料来源：网络）

思 考

1. B 公司压缩项目的工资支出是否合理？压缩工资支出直接带来什么问题？

2. B 公司所承建的 A 项目由于质量问题将直接或间接引起哪些方面的项目成本损失？

当前和今后一个时期，我国发展仍然处于重要战略机遇期，但机遇和挑战都有新的发展变化。要准确识变、科学应变、主动求变，更加重视激活高质量发展的动力活力，更加重视催生高质量发展的新动能新优势。

——2020 年 9 月 16 日至 18 日，习近平总书记在湖南考察时强调

单元一　质量成本概述

2015 年 3 月 5 日，国务院总理李克强在全国两会上作《政府工作报告》时首次提出"中国制造 2025"的宏大计划，要实施"中国制造 2025"。2015 年 5 月 19 日，国务院正式印发《国务院关于印发〈中国制造 2025〉的通知》（国发〔2015〕28 号）。《中国制造 2025》是部署全面推进实施制造强国的战略文件，是中国实施制造强国战略第一个十年的行动纲领。"中国制造 2025"通过"三步走"实现制造强国的战略目标：第一步，到 2025 年迈入制造强国行列；第二步，到 2035 年中国制造业整体达到世界制造强国阵营中等水平；第三步，到新中国成立 100 年时，综合实力进入世界制造强国前列。

"中国制造 2025"是国家发展的重要战略方针，是实现伟大复兴中国梦的重要助力。"中国制造 2025"提出了"质量为先"的基本方针，坚持把质量作为建设制造强国的生命线，强化企业质量主体责任，加强质量技术攻关、自主品牌培育。建设法规标准体系、质量监管体系、先进质量文化，营造诚信经营的市场环境，走以质取胜的发展道路。

"中国制造 2025"对中国企业提升产品质量提出了更高的要求，质量和品牌已经成为制造业乃至国家核心竞争力的象征，代表着国家的信誉和形象。质量成本管理也成为企业质量管理的重点。质量优势和成本优势是赢得市场的关键。

增加收入和降低成本是提高企业经济效益的两个基本方面。符合消费者需求的高质量和质量相对应的低成本是成功企业核心竞争力的标志。部分企业因为产品质量平庸而缺乏市场竞争力，还有部分企业因盲目追求质量技术指标，质量功能过剩，导致脱离了消费者的实际需要，或者因资源投入不足而影响了质量，或者因资源过度消耗导致成本上升影响了价格，失去了竞争力。企业要将质量管理活动和经营发展目标很好地协调和统一，将质量的适用性和经济性相统一。企业开展质量成本管理，将质量和成本相结合，使产品符合消费者需要的高质量和质量相对应的低成本，从而提高企业核心竞争力。

一、质量成本的概念

质量成本（Cost Of Quality，COQ）又称质量费用，是指企业为了保证满意的质量而支出的一切费用和由于产品质量未达到满意而产生的一切损失的总和，是企业生产总成本的一个组成部分。

二、质量成本的组成

质量成本由两部分构成，即运行质量成本和外部质量保证成本。运行质量成本是指企业为了保证满意的质量而产生的成本，包括预防成本、鉴定成本，还包括因为没有获得满意的质量而导致的损失费用，包括内部故障成本、外部故障成本。外部质量保证成本是指根据用户要求，企业为提供客观证据而发生的费用。

（一）预防成本

预防成本是指有关企业预防不良产品或服务发生的成本，包括计划与管理系统、人员训练、品质管制过程，设计和生产阶段为减少不良产品发生的概率所产生的成本。预防成本增加往往使故障成本下降。预防成本又细分为以下几项。

1. 质量工作费

质量工作费是指为预防、保证和控制产品质量，开展质量管理所发生的各项费用，为制定质量标准、编制质量手册等所支付的费用。

2. 质量培训费

质量培训费是指为达到质量要求，提高人员素质，对有关人员进行质量意识、检测技术、操作水平等培训所支付的费用，包括制订培训计划的费用。

3. 质量奖励费

质量奖励费是指为改进和保证产品质量而支付的各种奖励，如质量小组成果奖等。

4. 质量评审费

质量评审费是指新产品设计开发、老产品更新时质量的评审所发生的费用。

5. 工资及福利费

工资及福利费是指专职质量管理人员的工资及福利费。

（二）鉴定成本

鉴定成本是指为检查和评定材料、在成品或半成品等是否达到规定的质量要求所发生的检验、检查费用。企业支出此类成本的目的是在生产过程中能够尽快发现不符合质量标准的产品。

1. 检测试验费

检测试验费是指对进厂的材料和外购件、配套件、工具、量具及生产过程中半成品、在制品及产成品，按质量标准进行检测、试验所发生的费用。

2. 试验材料及劳务费

企业开展破坏性试验消耗的产品成本及劳务费用。

3. 检验设备折旧费及修理费

检验设备折旧费及修理费是指用于质量检测的设备折旧及大修理费。

（三）内部故障成本

内部故障成本又称内部损失成本，是指产品在交货前由于产品未能满足要求而造成的损失。

1. 废品损失

废品损失是指产品存在无法修复的缺陷或在经济上不值得修复而报废造成的损失。

2. 返修损失

返修损失是指为修复不良品所产生的费用。

3. 停工损失

停工损失是指由于质量缺陷所引起的停工损失。

4. 质量故障处理费

质量故障处理费由于处理故障而发生的费用。

5. 产品降级损失

产品降级损失是指产品外表或局部达不到质量标准但不影响主要性能而降级处理的损失。

（四）外部故障成本

外部故障成本又称外部损失成本，是指产品交货后因未满足质量要求而产生的损失和费用。

1. 索赔费用

索赔费用是指产品出厂后由于质量缺陷而导致用户索赔，企业赔偿用户的费用。

2. 退货损失

退货损失是指产品出厂后由于质量缺陷造成的退货、换货所发生的费用。

3. 保修费

保修费是指根据合同规定或在保修期内为用户提供修理服务的费用。

4. 诉讼费

诉讼费是指因质量问题而造成的诉讼费用。

5. 产品降价损失

产品降价损失是指产品出厂后，因低于质量要求而降价造成的损失。

（五）外部质量保证成本

外部质量保证成本是指为提供用户要求的客观证据所支付的费用，包括特殊的和附加的质量保证措施费、产品质量验证费、质量评定费。

单元二　质量成本管理

20 世纪 50 年代初期，美国质量管理专家阿曼德·费根堡姆提出了将质量预防和鉴定活动的费用与产品质量不合格所引起的损失一并考虑，将质量与成本结合起来，形成了质量成本管理。

一、质量成本管理的概念

质量成本管理是指企业通过对质量成本的整体控制而达到产品质量和服务质量的保证体系。质量成本管理是在经济发展过程中，伴随着质量管理和成本管理的结合而发展起来的。

二、质量成本管理的作用

进入 21 世纪，全球化的竞争已由价格竞争转向质量竞争。过去，我国的成本管理实际上只是成本的事后计算，没有管理到生产经营的全过程，因此，没有有效手段对目标成本进行控制。引入质量成本后，对成本实施全过程的预防性控制，针对不同职能，分别核算，从而扩大的成本管理的职能和工作范围，使成本管理进入一个新阶段。

（一）有利于控制和降低成本

随着时代的发展，顾客对产品外观、精密度、可靠性等要求越来越高，产品质量成本在产品总成本中所占的比重随之不断加大。

（二）有利于提高产品质量

对质量成本进行分析与计算，有助于企业推进质量改进，提高产品的可靠性，预防潜在不合格品的发生。

（三）有利于及时发现质量管理中存在的问题

通过质量成本计算与分析，企业的管理层能看到各项费用所占的比例，能具体地了解产品质量，从而及时发现质量管理中存在的问题。

（四）有利于拓宽成本管理道路

企业对质量管理职能进行单独核算，对成本实施全过程的预防性控制。

三、质量成本管理的特征

（一）广泛性

质量成本具有广泛的内涵，它要求功能、成本、服务、环境、心理等诸方面都能满足用户需求，它既适用有形的产品，也适用无形的劳务，如服务质量、工作质量、管理质量、决策质量等。因此，现代质量成本不仅反映物质生产部门的质量成本状况，而且还要覆盖非物质生产部门质量管理的效益状况。质量成本除反映现实的内容外，还应研究反映潜在的和隐含的质量成本支出。

（二）动态性

质量成本是个相对的、变化的、发展的概念，它随着地域、时期、使用对象、社会环境、市场竞争的变化而被赋予不同的内容和要求，而且随着社会的进步及知识的更新，其内涵与要求也不断地更新和丰富。因此，质量成本作为服务于质量经营和体现产品质量适用性的专项成本，必须保持自身的动态性，随着产品质量适用性的变化而变化。如随着社会文明的进步，现代新型产品必须具有环保、无污染、节能和更高的安全性等质量要求，这都是新型产品质量成本投入新的增长点。

（三）多样性

由于不同的质量成本主体所要达到的目的各不相同，质量成本的考核方法多种多样，因此，质量成本除主要采用货币计量形式外，还要兼用其他的计量形式，从而从各个侧面反映质量成本的内在属性。

（四）收益性

质量成本作为服务于企业资本增值盈利的管理成本，目的是通过核算和反映一定量的质量改进资本投入与由此产生的质量收益之间的相互关系，寻求两者之间的最佳结构，从而为质量经营决策提供全面的价值依据。因此，现代质量成本不仅应能及时、有效地反映企业的质量成本支出，而且还要反映质量收益，进行质量成本的经济效益核算和决策，以便企业在市场竞争、顾客的需求和企业生存、获利之间进行权衡。

 知识链接

工匠精神

工匠精神内涵：专注、严谨、精益

工匠之魂——工作造就人格

工匠之道——不忘初心，砥砺前行

工匠之术——成功一定有方法

工匠之器——工作是快乐的源泉

工匠之行——工作必做于细，管理必做于简

四、质量成本管理的内容

质量成本管理是对产品从市场调研、产品设计、试制、生产制造到售后服务的整个过程进行的质量管理，是全员参加的对生产全过程的全面质量管理。具体来说，质量成本管理一般包括以下几个方面：

（1）产品开发系统的质量成本管理；

（2）生产过程的质量成本管理；

（3）销售过程的质量成本管理；

（4）质量成本的日常控制。

五、质量成本管理的原则

（一）全员参与质量成本管理

根据财务成本和全面质量管理全员参与的要求及大质量的管理理念，要以"全员参与质量成本管理，全力进行质量成本优化，全过程落实质量成本控制，全方位实现质量成本效益"为内容开展质量成本管理活动，才能有效落实质量成本管理的目标规划，实现有效管理。

（二）以寻求适宜的质量成本为目的

企业的质量成本应与其产品结构、生产能力、设备条件及人员素质等相适应，也就是说要根据本企业的特点，建立质量成本管理体系，并寻求适宜的质量成本目标并有效地控制它。

（三）以真实可靠的质量记录、数据为依据

实施质量成本管理过程中，所使用的各种记录、数据务必真实、可靠，只有这样，才可能做到核算准确、分析透彻、考核真实、控制有效，否则，势必流于形式，无法获取效益。

（四）把质量成本管理的职责明文列入各相关职能部门

质量成本管理是生产经营全过程的管理，因此，涉及各相关职能部门，如财务、检验、生产、售后服务、物流等部门。只有把质量成本的统计及分析纳入其质量职能，才能坚持不懈地开展这项工作。否则，仅靠质量部门是开展不了质量成本管理工作的。

（五）建立完善的成本决算体系

要对成本进行控制，就要对成本的核算有统一的口径，对人工的工时、成品的加工成本、损失成本、生产定额等有统一的核算和计价标准，这样对于质量成本的计算才能快速、及时、准确，并且可以减少相关职能部门统计数据的主观性。

严控质量成本，挖掘利润源中的"矿中黄金"已成为当今多数企业重点考虑的问题之一，在提高过程质量、降低整体成本及保证利润的过程中，企业应在以下环节加强对质量成本的控制。

一、严格把控产品设计试制

产品的设计质量决定着产品质量，它是生产过程中必须遵守的标准和依据。如果开发设计过程的质量管理薄弱，设计不周，铸成差错，则后续一切工艺和生产上的努力都将失去意义。不仅严重影响质量及投产后的生产秩序和其他一系列准备工作，使内部故障成本上升，而且会导致产品销售后，发生大量的退货、保修、索赔事件，使外部故障成本增大。因此，要严把产品设计试制关，不断提高产品设计质量。

然而，提高产品的设计质量，往往会导致质量成本的上升，特别是用于预防和鉴定方面的成本开支增大。如提高零件精度、表面粗糙度，就会增加工时消耗，要求采取必要的工艺措施，增加工艺装备和检验工具，进行试验和研究。或改用较贵重的原材料等，从而引起相应费用增加。不可否认的是，在优质优价条件下，产品质量的提高也会相应地提高产品的销售价格，使企业获得更多的收益。从经济学角度而言，产品的质量、成本和价格之间存在着密切的联系。

谈一谈

小张是陕西某高职院校大二学生，在校期间积极参加创新创业活动，准备经营"五彩凉皮"创业项目。他准备生产菠菜绿凉皮、胡萝卜红凉皮等 5 种颜色凉皮混合售卖，该凉皮营养更均衡，卖相也更好，初步定价为 18 元 / 份。在周边普通凉皮售价为 8 元 / 份的情况下，小张的创业计划能成功吗？为什么？

二、注重生产过程中质量成本的控制

分析产品质量成本的构成。产品内部故障成本占总质量成本很大比重，造成内部故障成本增加的原因是多方面的，大多是在生产过程中形成的，既有由于检测手段不先进和检验人员的素质不高而造成的复检费用，也有由于操作工人技术水平不高，或操作失当而造成的废品损失和返修费用等。因此，对于生产过程中的质量成本控制应包括以下几个方面。

质量成本控制示意如图 9-1 所示。

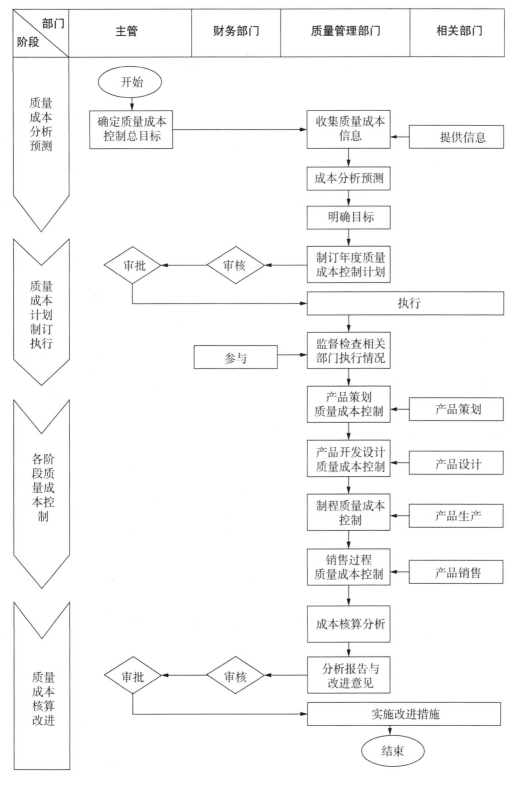

图 9-1 质量成本控制示意

（一）组织好技术检验工作

为了保证产品的质量，产品质量成本的控制，必须根据技术标准，对原材料、在制品、半成品、产品及工艺过程质量进行检验，严格把关。因为不合格的原材料、零部件、半成品等由于检验不严而转入后续生产，既消耗了人力、物力资源，又使质量成本大幅上升。因此，要保证不合格的原材料不投产，不合格的零部件不转序，不合格的半成品不使用，不合格的成品不出厂，这是降低质量成本的关键。

技术检验工作质量水平的高低，受制于两大因素：一是检验手段是否满足检验工作质量的要求，低水平的检验工具、设备、仪器等难以满足高质量产品检验工作的要求；二是检验人员的素质，质量检验人员业务素质的高低不同，对产品质量存在的或可能存在的问题分析、判断、处理的结果也是不相同的。这都涉及生产过程中的质量成本控制，因此，在适当投入满足质量检验工作要求的仪器、设备的同时，要不断提高检验人员的业务水平。

（二）不断提高生产操作人员的素质

产品的生产是由生产工人直接来完成的，产品质量的好坏，与操作人员业务素质水平的高低有很大的关系。因此，应不断提高生产人员理论知识水平和实际操作能力，要严格按照规章制度、操作标准办事，树立"质量是产品生命力"的观念，由被动地接受检验转变为我要检验、自我检验、相互检验，使整个生产过程处于质量监督保证体系之下，只有这样才能在不断提高产品质量的同时，降低产品的质量成本费用，提高企业的经济效益。

国家智能制造标准体系
建设指南（2021 版）

▱◇ 做一做

分小组调研合作办学企业质量成本费用情况，按质量成本科目分类，对该企业质量成本进行分析，制作 PPT 在班级内进行分享。同时讨论，该企业的质量成本管理对企业生产产生了哪些影响？

◎ 思 考

1. 何谓质量成本？

2. 内部故障成本包括哪些部分？

3. 企业如何开展质量成本管理？

质量管理先进方法和工具

知识结构图

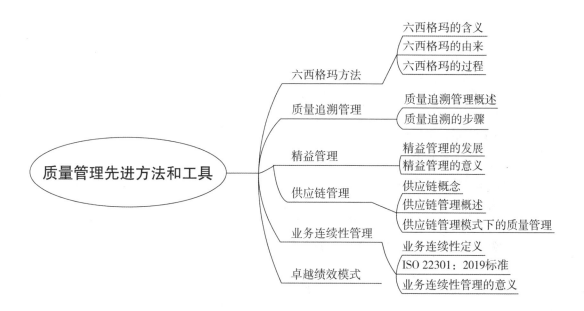

质量管理先进方法和工具

- 六西格玛方法
  - 六西格玛的含义
  - 六西格玛的由来
  - 六西格玛的过程
- 质量追溯管理
  - 质量追溯管理概述
  - 质量追溯的步骤
- 精益管理
  - 精益管理的发展
  - 精益管理的意义
- 供应链管理
  - 供应链概念
  - 供应链管理概述
  - 供应链管理模式下的质量管理
- 业务连续性管理
  - 业务连续性定义
  - ISO 22301：2019标准
  - 业务连续性管理的意义
- 卓越绩效模式

【学习目标】

　　熟悉六西格玛方法，掌握质量追溯管理，了解精益管理、供应链管理、业务连续性管理及卓越绩效模式，加深理解质量与标准之间的紧密联系，培养学生与时俱进的学习理念与创新精神。

【案例导入】

高质量源于技术进步

　　没有高技术，高质量还属于梦。"我在这个研究所工作了 20 多年，见证了中国航空工业发展，武器装备的发展，我个人感觉，能够取得今天的成就，这一切都是创新的力量、质量的力量。"中国航空工业集团公司成都飞机设计研究所副所长许泽表示。

　　从第三代战斗机、第四代战斗机的研发、歼 10 飞机、歼 20 飞机，到夜用飞机，以及枭龙战斗机，他们见证了技术创新所保证质量的成果。

航空工业成都飞机设计研究所是中国航空工业集团有限公司旗下的战斗机、无人机研发的主机所，先后成功研制了歼 10、枭龙、翼龙及歼 20 等系列战斗机和无人机。

"高质量从何而来？高质量源于工程技术进步；高质量源于精益的研发流程；高质量源于好的质量管理系统；高质量源于训练有素的员工和团队；高质量的长效机制源于'创新超越'的军工特色质量文化"。

航空工业成都所通过多型航空武器装备的成功研制，构建了面向新一代战斗机的复杂系统工程研发质量管理的"611"质量管理模式（"6+1+1"质量管理模式）。

"'611'质量管理模式确保了新一代战斗机研制全过程质量受控、研制任务高质量完成。第四代战斗机与第三代战斗机相比，研制质量和效率大幅度提高。更为重要的是，'611'质量管理模式实现了飞机研发能力跨代提升，进一步构筑了复杂航空武器装备研发质量核心能力和核心竞争力。"许泽表示。

"611"质量管理模式科学适用，具有显著的中国质量管理特色，国防科技领域具有很高的借鉴和推广价值。创新应用基于事件驱动的全数字化研发技术状态管理、基于过程管控"大数据"的研发质量成熟度管理等 10 多种方法，特色鲜明，成效显著，具有很高的可复制性和可推广性。

而与飞机工业有同等质量重要性的便是大桥。

对中铁大桥局，很多人可能有点陌生，但说到万里长江第一桥——武汉长江大桥，大家想必耳熟能详。这座大桥历经 60 余载依然在为祖国的交通、经济社会发展服务，而大桥局就是 1953 年为修建这一座大桥而成立并延续发展至今。一代又一代的大桥人陆续在国内外修建了 2 600 多座大桥，像已建成通车的港珠澳大桥，还有平潭海峡大桥、沪通长江大桥等。

"天堑变通途'四位一体'质量管理模式，是大桥局长期以来形成和坚守的质量管理模式。"中铁大桥局集团有限公司党委书记、董事长刘自明表示。

在质量这条路上，唯一的个人奖获得者中国电子科技集团公司第 29 研究所技师潘玉华表示：质量是不断学习标准、制定标准、运用标准、完善标准的漫漫长路，我们要不忘初心、牢记使命，责任担当、专注奉献。以质量第一为初心，以技能报国为使命，注重传承注重使命担当，方得匠心。

（资料来源：第一财经）

⊙ 思 考

如何理解企业质量文化对企业发展的重要作用？

要充分认识创新是第一动力，提供高质量科技供给，着力支撑现代化经济体系建设。要以提高发展质量和效益为中心，以支撑供给侧结构性改革为主线，把提高供给体系质量作为主攻方向。

——2018 年 5 月 28 日，习近平在中国科学院第十九次院士大会、中国工程院第十四次院士大会上发表重要讲话

单元一　六西格玛方法

六西格玛（Six Sigma）在 20 世纪 90 年代中期开始被通用电气（GE）公司从一种全面质量管理方法演变成为一个高度有效的企业流程设计、改善和优化的技术，并提供了一系列同等适用设计、生产和服务的新产品开发工具。继而与 GE 的全球化、服务化等战略齐头并进，成为全世界追求管理卓越性的企业最为重要的战略举措。六西格玛逐步发展成为以顾客为主体来确定产品开发设计的标尺，追求持续进步的一种管理哲学。

一、六西格玛的含义

西格玛 σ 是一个希腊字母，在统计学里用来描述正态数据的离散程度。在质量管理领域，用来表示质量控制水平，若控制在 3σ 水平，表示产品合格率不低于 99.73%；若控制在 6σ 水平，表示产品不合格率不超过 0.002 ppm，也就是每生产 100 万个产品，不合格品不超过 0.002 个，接近零缺陷水平。

一般来说，六西格玛包含以下 3 层含义：

（1）它是一种质量尺度和追求的目标、定义方向和界限。

（2）它是一套科学的工具和管理方法，运用 DMAIC（改善）或 DFSS（设计）的过程进行流程的设计和改善。

（3）它是一种经营管理策略。六西格玛管理是在提高顾客满意程度的同时降低经营成本和周期的过程革新方法，它是通过提高组织核心过程的运行质量，进而提升企业盈利能力的管理方式，也是在新经济环境下企业获得竞争力和持续发展能力的经营策略。

二、六西格玛的由来

六西格玛（Six Sigma，6 Sigma）作为一种管理策略，是由当时在摩托罗拉任职的工程师比尔·史密斯（Bill·Smith）于 1986 年提出的。这种策略主要强调制定极高的目标、收集数据及分析结果，通过这些来减少产品和服务的缺陷。

20 世纪 80 年代，摩托罗拉公司创建了六西格玛管理的概念和相应的管理体系后，应用到公司的各个方面，从开始实施的 1986—1999 年，公司平均每年提高生产率 12.3%，不良率只有以前的 1/20。由于质量缺陷造成的费用消耗减少 84%，制作流程失误降低 99.7%，因而节约制造费用总计超过 110 亿美元，公司业务、利润和股票价值的综合收益率平均每年增长 17%。六西格玛管理在美国通用电气（GE）公司更是得到发扬光大，从 1996 年 1 月开始实施六西格玛管理，销售业绩利润快速增长，如 1999 年通用公司利润为 107 亿美元，比 1998 年增长了 15%，其中，实施六西格玛而获得的收益达到了 30 亿美元。同样，六西格玛管理在 ABB、东芝、三星等组织中也获得巨大成功，甚至一些服务领域的组织（如迪士尼、希尔顿酒店等），通过引入六西格玛管理，给顾客和股东带来极大的收益。

三、六西格玛的过程

六西格玛过程是对当前低于六西格玛规格的项目进行定义、度量、分析、改善及控制的过程。

六西格玛流程改善方法论有以下 5 个步骤（DMAIC）：

（1）界定（Define）：辨认需改进的产品或过程、关键少数因子，并确定项目所需的资源。

（2）测量（Measure）：评估流程，定义缺陷，收集此产品或过程的表现做底线，建立改进目标。

（3）分析（Analyze）：分析在测量阶段所收集的数据，分析变数及造成不良的原因，按重要程度排列。

（4）改进（Improve）：改善流程，优化解决方案，并确认该方案能够满足或超过项目质量改进目标。

（5）控制（Control）：确保过程改进一旦完成能继续保持下去，并能维持当前的状态。

单元二　质量追溯管理

国务院办公厅《关于加快推进重要产品追溯体系建设的意见》（国办发〔2015〕95号）中指出，追溯体系建设是采集记录产品生产、流通、消费等环节信息，实现来源可查、去向可追、责任可究，强化全过程质量安全管理与风险控制的有效措施。当前及今后一个时期，我国将食用农产品、食品、药品、农业生产资料、特种设备、危险品、稀土产品等作为重点，分类指导、分步实施，应用物联网、云计算等现代信息技术推动生产经营企业加快建设追溯体系建设。

质量追溯是高质量发展的监督体系，也是高质量发展的保证。

一、质量追溯管理概述

质量追溯系统是建立在物联网基础上，采用信息技术实现生产过程数据采集，解决生产过程中的质量控制难题，同时运用精益化管理思想优化加工流程，形成完整的产品跟踪质量追溯系统。当企业建立了产品质量追溯，当发生质量事故时，管理者就能快速定位问题根源，迅速提出恰当的应对措施，降低企业、消费者的损失，使企业、消费者的利益得到保障。例如，汽车行业的召回制度就是以产品追溯为基础的。目前，生产制造企业为提升产品质量、企业形象，都在追求产品可追溯性，即产品质量追溯。对产品制造全程进行追踪管理，可以加强企业质量管理，减少纠错成本，提高企业快速响应能力。

二、质量追溯的步骤

（一）记录

质量追溯记录产品生产过程中的所有质量相关数据，包括生产中的人、机、料、法、环、质量检验等相关数据。这些影响产品质量的因素都要记录在企业信息系统中，从而形成产品的档案。

（二）标记

利用产品识别标签，实现产品和数据的对应关系关联。为了建立数据和产品之间的关系，需要利用一维码、二维码或RFID标签等进行产品绑定，用于把实际的产品和数据库中记录的产品数据对应起来，以实现产品全生命周期的追溯管理（图10-1）。

流程图

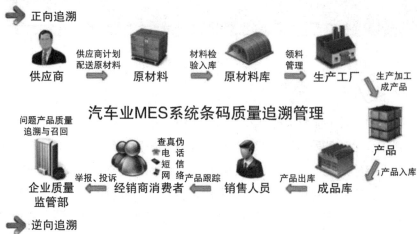

图 10-1 质量追溯管理流程

（三）查询

通过标记，快速查询到产品对应的数据。快速定位产品数据，实时获知产品档案信息，为质量管控提供数据支撑，为生产管理人员提供决策依据。

单元三　精益管理

一、精益管理的发展

精益管理源于精益生产。精益管理就是要求企业以最小资源投入（包括人力、设备、资金、材料、时间和空间），创造出尽可能多的价值，为顾客提供高质量产品和及时的服务，提高顾客满意度。精益管理的目的就是企业在为顾客提供满意的产品与服务的同时，将浪费降到最低。精益生产是国际汽车计划组织（IMVP）对日本丰田始创 JIT 生产模式的赞誉之称。"精"即少而精，不投入多余的生产要素，只在适当的时候生产必要数量的市场需要（后工序需要）的产品，"益"即所有生产经营活动均要有益、有效，具有经济性，其核心是在企业的生产环节及其他运营活动中彻底消灭浪费现象。这种生产方式被认为是最适用现代制造企业的一种生产组织管理方式。

二、精益管理的意义

对于制造型企业而言，实施精益管理在许多方面取得成效，如库存大幅降低，生产周期减短，质量稳定提高，各种资源（能源、空间、材料、人力）等的使用效率提高，各种浪费减少、生产成本下降，企业利润增加。同时，员工士气、企业文化、领导力、生产技术都在实施中得到提升，最终增强了企业的竞争力。

对于服务型企业而言，提升企业内部流程效率，做到对顾客需求的快速反应，可以缩短从顾客需求产生到实现的过程时间，大大提高顾客满意度，从而稳定和不断扩展市场占有率。

精益管理就是要少投入、少消耗资源、少花时间，尤其是要减少不可再生资源的投入和耗费，高质量、多产出经济效益，实现企业升级的目标。

在过去，精益思想往往被理解为简单的消除浪费，表现为许多企业在生产中提倡节约、提高效率、取消库存（JIT）、减少员工、流程再造等。但是，这仅仅是要求"正确地做事"，是一种片面的、危险的视角。而精益思想，不仅要关注消除浪费，同时，还以创造价值为目标"做正确的事"。归纳起来，精益思想就是在创造价值的目标下不断地消除浪费。

企业在全球化的背景下正面临着日益激烈的竞争形势，对企业进行精益改革已成为一个发展趋势。

××公司物流班长岗位职责

（1）及时发现并消除现场安全隐患，提出安全质量合理化建议，通过不断改进，创造安全健康的工作环境；

（2）密切关注零件质量状态，做好零件库存管理；快速响应并确保现场物料及时供货，关注现场日常运行中变化点（BP/PTR等）日常管理工作；

（3）做好交接班及班前会安排，确保信息有效传达与沟通，并注重团队和梯队建设工作；

（4）培训并指导操作员工进行标准化操作，发现工作中存在浪费，提出合理化建议，合理消除现场浪费，降低运作成本；

（5）关注员工出勤、考勤和离职管理，做好日常出勤、轮岗计划，以确保生产平稳有序；

（6）配合物流规划，协同进行新项目实施准备工作，按照项目清单及各阶段时间节点，有序安排所属区域零件接收、上线、报警等工作，确保项目顺利实施。

随着社会经济的发展及消费者需求水平的提高，企业质量管理已经不再局限于企业内部生产环节的控制，而是兼具企业生产的上下游，包括原材料供应、产品分销等环节。对此，企业应基于现代物流与供应链管理模式建构全新的质量管理体系，以高素质人才队伍、现代化信息技术平台及先进的管理理念为支撑，全面提高质量管理水平，为企业的持续健康发展奠定基础。

一、供应链概念

供应链（Supply Chain）是指在生产及流通过程中，围绕核心企业的核心产品或服务，由所涉及的原材料供应商、制造商、分销商、零售商直到最终用户等上下游成员链接形成的网链结构。

二、供应链管理概述

供应链管理（Supply Chain Management）是从供应链整体目标出发，对供应链中采购、生产、销售各环节的商流、物流、信息流及资金流进行统一计划、组织、协调、控制的活动和过程。它包含计划和流程执行，有优化物料、信息和资金流的功能。这些功能包括需求计划、采购、生产、库存管理和物流、存储和运输。由于供应链管理是一项庞大而复杂的工作，要依靠每个合作伙伴（从供应商到制造商，乃至其他供应链上的参与者）来保证其运转良好。

供应链管理涉及许多环节，需要环环紧扣，并确保每个环节的质量。任何一个环节，如运输服务质量的好坏，都将直接影响供应商备货的数量、分销商仓储的数量，进而最终影响用户对产品质量、时效性及价格等方面的评价。

三、供应链管理模式下的质量管理

1. 供应链管理模式下的质量管理与传统质量管理的区别

与传统质量管理相比，供应链管理更具全面性。它是从全局统筹的角度出发，对所有合作企业进行管理，关注产品从原料开始，一直到终端消费者体验的整个过程，包含上下游网链上的所有参与者，对"质量"的定义，更加准确、宽泛和全面，不仅局限于产品物体本身。而传统模式单方面关注产品实现，难以实现对产品设计、制造、生产等环节的全面覆盖。

供应链管理则突破了企业内部的限制，将覆盖范围拓展到整个供应链系统，将上下游企业纳入企业质量管理体系，从源头到终端，最大限度地确保企业生产质量。

现代物流与供应链管理的覆盖范围更广，涉及的环节更多，包含的内容更加复杂，对象也不局限于企业内部，往往需要通过 ERP、SAP 等管理系统软件来协助管理，对数据进行记录、核算，并将其存储到线上平台，对供应链所有成员分配并开放数据权限。

2. 现代物流与供应链管理对于企业发展的积极作用

在当前阶段，现代物流与供应链管理已经渗透进企业实际运营的各个环节，成为现代企业管理的重要组成部分，甚至是企业核心竞争力所在。在经济全球化持续推进的背景下，我国与世界各国的贸易联系不断加深，供应链全球化已成为大趋势，面对来自内外部的竞争压力，想要保障企业的活力，积极引入供应链管理模式已成为必然，通过整个供应链条上的整合和优化，提高产品品质、服务品质，同时，有效控制成本、提高运营效率，从而在复杂多变的市场环境下获得更好地发展。

每个企业都会面临着市场风险，除此之外，还可能发生由自然灾害、疾病暴发、恐怖袭击、人为破坏、人为失误、外部服务中断、信息技术故障、国际国内政策危机及其他特殊事件引起的业务中断危机。应对中断危机，保持业务连续性，越来越被企业所重视。

一、业务连续性定义

在ISO 22301：2019《安全和韧性 业务连续性管理体系 要求》中，业务连续性（Business Continuity）是指在中断期间组织在可接受的时间范围内以预定义的容量持续交付产品和服务的能力。

业务连续性管理（Business Continuity Management，BCM）是一项综合管理流程，它使企业认识到潜在的危机和相关影响，制订响应、业务和连续性的恢复计划，其总体目标是提高企业的风险防范能力，以有效地响应非计划的业务破坏并降低不良影响。

二、ISO 22301：2019 标准

《安全和韧性 业务连续性管理体系 要求》（ISO 22301：2019）是已开发的一套国际框架和基准，它规定了策划、建立、实施、运行、监视、评审、保持和持续改进企业业务连续性管理体系的具体要求，用来引导企业识别公司关键业务功能的潜在威胁，并建立有效的备用体系和流程，从而最大限度地减轻突发事件造成的影响，以保障利益相关者的利益（图10-2）。

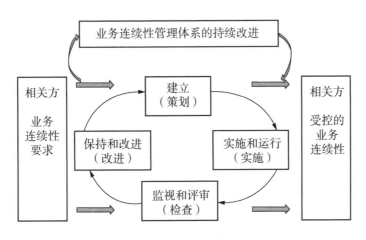

图 10-2　ISO 22301：2019 结构图

三、业务连续性管理的意义

1. 增强企业对风险的掌控和应对能力

开展业务连续性管理，可以识别和管理企业面对的潜在威胁，提前预防以降低突发事件的影响；在危机时刻确保企业核心业务正常运作；在突发事件发生后在最短的时间内恢复正常运行。

2. 完善企业日常管理

越来越多的企业走专业化发展道路，将非核心业务进行外包，导致外包风险日益突出；各行业上下游企业依赖程度很高，供应商或物流运输渠道过分集中，有较高的集中风险。加强第三方业务的连续性管理，有利于保障企业自身业务的持续运营。

单元六　卓越绩效模式

卓越绩效模式是当前国际上广泛认同的一种组织综合绩效管理的有效方法 / 工具。该模式源自美国波多里奇奖评审标准，以顾客为导向，追求卓越绩效管理理念。其包括领导、战略、顾客和市场、测量分析改进、人力资源、过程管理、经营结果七个方面。该评奖标准后来逐步风行世界发达国家与地区，成为一种卓越的管理模式，即卓越绩效模式。它不是目标，而是提供一种评价方法。

《卓越绩效评价准则》标准是组织综合的绩效管理办法。国家标准《卓越绩效评价准则》（GB/T 19580—2012）（简称《准则》）规定了组织卓越绩效的评价要求，该标准自2012 年 8 月 1 日起实施，代替《卓越绩效评价准则》（GB/T 19580—2004）。《准则》总结参与质量奖推进和评审经验，探讨了追求卓越的过程方法，提供了众多过程实现方法的参考，在时间、空间、深度、广度上予以展开；应用对《准则》和 ISO 9000（简称标准）的深刻认识，激励 ISO 9000 企业再起步，争取更辉煌业绩。

《准则》适用追求卓越的各类组织，为组织提供了自我评价的准则，也可作为质量奖的评价依据。

GB/T 19580 国家标准与 ISO 9000 标准虽然都是质量管理领域的标准，都能帮助企业提高质量管理水平、增强竞争能力。但两个标准的目的不同，性质也不同。国际标准化组织制定 ISO 9000 系列标准的背景主要是消除国际贸易中的壁垒，通过质量体系认证，证实企业有能力稳定地提供满足顾客和适用法律、法规要求的产品，并通过认证结果的国际互认，促进国际贸易往来。因此，ISO 9000 质量体系标准主要目的是规范企业管理，建立以产品或服务为中心的质量管理体系，是一个符合性的标准，是国际认证认可的合格评定标准。而 GB/T 19580 是一个成熟度标准，反映了现代质量管理的最新理念和方法，是许多成功企业的实践经验的总结。后者对组织提出了更高的要求，它强调质量对组织绩效的增值和贡献。它为组织提供了追求卓越绩效的经营管理模式，强调战略、绩效结果和社会责任。特别是它用量化打分（1 000 分）平衡地评价企业卓越经营的业绩，为企业全方位地自我评价提供了很好的依据。

质量奖评奖标准是卓越模式标准，最终获奖的企业只是很少数。但参照质量奖标准开展自我评价活动，得到很多企业的认可与重视，因为国家质量奖标准是企业自我评价最重要的参照系。在美国，每年获得波多里奇国家质量奖的企业只有几家，申报该奖的企业有几十家，但有几十万家企业正采用波多里奇质量奖标准根据自身的目标进行自我评价。因此，设立我国国家质量奖的目的不在评奖，而在于鼓励更多的企业提高质量，追求卓越。

通过表彰那些质量管理工作卓有成效的企业，树立卓越绩效典范，引导广大企业学习先进的质量管理经验和方法，通过自我评价，不断改进质量，提高竞争能力；其目的是使广大企业做到学有榜样，赶有目标，在学习和追求卓越的过程中共同提高，共同发展。因此，GB/T 19580 国家标准既可以作为国家质量奖的评奖依据，更重要的是提供卓越经营的模式，供广大企业自我学习、自我评价使用，也为企业相互借鉴成功经验，提供了非常好的平台，规划和获得学习机会的工具。

 知识链接

用匠心呵护遗产

敦煌研究院荣获"中国质量奖"，实现了该奖项在西部地区的零突破，是第三届中国质量奖在服务业领域的唯一一家获奖单位。

敦煌研究院以"基于价值完整性的平衡发展质量管理模式""平衡发展质量管理"为核心，在服务上形成了"用匠心呵护遗产，以文化滋养社会"的质量文化，建立了基于观众类型的"针对性分类"弘扬管理体系。

对于来到莫高窟的游客，通过"单日总量控制、网络预约购票、数字洞窟展示、实体洞窟参观"的旅游开放新模式，拓展敦煌文化艺术的展示空间，缓解实体洞窟压力，丰富敦煌文化艺术普及内容。既提升了游客的参观体验，又有效实现了文物保护与利用的平衡。通过游客承载量研究和科学有效的质量管理，在很好地应对了游客数量快速增长的同时，使服务满意度始终保持在 95% 以上。

（资料来源：新华网）

做一做

了解一家合作办学企业在生产管理的过程中如何控制产品的质量，并形成调研报告。

思 考

1. 什么是供应链管理？供应链管理对企业质量有何影响？
2. 质量追溯管理具体应用于哪些企业？
3. 试述业务连续性管理对企业的重要意义。

参 考 文 献

［1］陈雄 . 安全生产法规［M］. 重庆：重庆大学出版社，2019.

［2］滕宝红 . 班组长安全生产管理与培训［M］. 北京：人民邮电出版社，2012.

［3］杨剑，张艳旗 . 企业安全管理实用读本［M］. 2 版 . 北京：中国纺织出版社，2018.

［4］全国注册安全工程师职业资格考试研究中心 . 安全生产管理［M］. 北京：中国大百科全书出版社，2019.

［5］武啸 . 质量管理实操：从新手到高手［M］. 北京：中国铁道出版社有限公司，2019.

［6］丁宁 . 质量管理［M］. 北京：清华大学出版社，北京交通大学出版社，2013.

［7］万融 . 商品学概论［M］. 5 版 . 北京：中国人民大学出版社，2013.

［8］李娟 . 职工健康管理是企业发展必要保障［N］. 工人日报，2020-08-10（7）.

［9］中华人民共和国国家质量监督检验检疫总局，国家标准化管理委员会 .GB/T 19000—2016 质量管理体系 基础和术语［S］. 北京：中国标准出版社，2017.

［10］中华人民共和国国家质量监督检验检疫总局，国家标准化管理委员会 .GB/T 19001—2016 质量管理体系 要求［S］. 北京：中国标准出版社，2017.

［11］中华人民共和国国家质量监督检验检疫总局，国家标准化管理委员会 .GB/T 19580—2012 卓越绩效评价准则［S］. 北京：中国标准出版社，2012.

［12］中华人民共和国国家质量监督检验检疫总局 .GB/T 18664—2002 呼吸防护用品的选择、使用与维护［S］. 北京：中国标准出版社，2004.

［13］国家标准化管理委员会 .GB 13690—2009 化学品分类和危险性公示 通则［S］. 北京：中国标准出版社，2010.